海尔杯“**未来家庭创想**”

TCL杯“**数字互动新生活**”

无锡工业设计园“**我心中的工业设计园**”

设计畅想

——中国工业设计周暨无锡国际工业设计节主题设计大赛获奖作品集

设计畅想

——中国工业设计周暨无锡国际工业设计节主题设计大赛获奖作品集

刘观庆　周晓江　编

中国建筑工业出版社

图书在版编目（CIP）数据

设计畅想——中国工业设计周暨无锡国际工业设计节主题设计大赛获奖作品集／刘观庆，周晓江编．—北京：中国建筑工业出版社，2006
ISBN 7-112-08111-4

Ⅰ.设... Ⅱ.①刘...②周... Ⅲ.工业设计－作品集－中国－现代
Ⅳ.TB47

中国版本图书馆 CIP 数据核字（2006）第 014695 号

责任编辑：陈小力
整体设计：周晓江
责任设计：崔兰萍
责任校对：张景秋　张　虹

设计畅想
——中国工业设计周暨无锡国际工业设计节主题设计大赛获奖作品集
刘观庆　周晓江　编
*
中国建筑工业出版社出版、发行（北京西郊百万庄）
新华书店经销
北京嘉泰利德公司制版
北京二二〇七工厂印刷
*
开本：889 × 1194 毫米　1/20　印张：6 4/5　字数：270 千字
2006 年 3 月第一版　2006 年 3 月第一次印刷
印数：1 — 2500 册　定价：48.00 元
ISBN 7-112-08111-4
(14065)

本社网址：http://www.cabp.com.cn
网上书店：http://www.china-building.com.cn

绪论——设计畅想

一

21 世纪是设计的世纪，是设计大有作为、大放光彩的世纪。

中国终于迎来了设计的春天。设计的花朵正在渐次开放。2004中国工业设计周暨无锡国际工业设计博览会就是其间开放的一朵美丽的奇葩。这是迄今国内规模最大、层次最高、影响最广的工业设计活动，包括国际工业设计联合会主席在内的世界各国工业设计机构负责人和设计师100余人到无锡参加了此次盛会，有200多家国内外设计机构和企业在博览会上展出了各自的设计成果。国内前来与会参观交流者达3万多人次。

这次以“中国设计的创新、交流、发展”为主题的活动极其丰富多彩，包含了：

探讨世界设计趋势和中国工业设计发展方向的国际工业设计峰会和主题论坛；

展示国内外设计精品和创作成果的国际工业设计博览会；

引导企业设计健康成长的中国优秀设计评奖活动；

发挥年轻人丰富想像力的三大主题设计竞赛；

呈现未来设计师卓越才能的工业设计教育成果展；

带来设计事业迅速发展希望的无锡（国家）工业设计园揭牌仪式；

充满业内外人士的热情、喜悦和期待的中国工业设计周盛大颁奖晚会。

这是工业设计的一个隆重节日。成千上万的设计创作者、设计管理者、设计成果享用者和对设计抱有期望的人们在其间观赏着、聆听着、言说着。

人们越来越清醒地认识到，中国虽然已经是一个世界制造大国，世界各地到处可见“MADE IN CHINA”，但是中国并不是一个制造强国，更不是一个创造强国。在由制造大国向创造强国转型的过程中，多么迫切需要借助工业设计的强大创造力啊。

无锡市委、市政府的领导层敏锐地洞察到工业设计对于自主创新的特殊作用，将工业设计作为区域技术创新的特色工作和高新区“二次创业”的重要内容给予高度重视。在无锡市科技发展计划中，将创建无锡工业设计基地列为主要任务之一。两年一次的无锡国际工业设计博览会还将继续举办，全力打造我国目前惟一的国家级工业设计园正在步步落实。设计界期盼已久的政府支持正在走近。这次活动是由中国工业设计协会、江苏省科学技术厅、无锡市人民政府主办，无锡市科学技术局、无锡市滨湖区、江南大学承办，得到了中华人民共和国科学技术部、中国科学技术协会、中国轻工业联合会的支持。国家知识产权局还专门协助组织了有关保护知识产权的主题论坛。

关注这次活动的政府部门远远不止上述机构，国家发展和改革委员会的有关领导都给予了关心和支持。中央电视台录播了颁奖晚会，多次播放。很多媒体作了报道。活动之后不久，江苏省委书记李源潮视察了无锡（国家）工业设计园，指出“无锡应依托良好的工业基础和科技力量，打造全国工业设计名城”。即将于2006年11月举办的2006中国工业设计周暨无锡国际工业设计博览会将成为江苏省的四大重点活动之一。

无锡市的活动像多米诺骨牌一样影响着一连串的城市：

领先改革开放的深圳市东山再起，邀请国际设计名人举办了高规格的工业设计论坛；

设计发展较早的广州市，举行了国际工业设计教育研讨会，并与香港设计营商周活动衔接；

拥有众多外企的东莞市，大张旗鼓组织了百万重奖的工业设计大赛系列活动；

以大企业为背景的滨海城市青岛曾数度集会，吸引了设计界的目光；

雄踞中部腹地的武汉市，打起了品牌创新的旗号进行设计研讨；

重工业发达地区的沈阳市从设计管理研讨入手，开辟了东北设计战场；

中小型企业密集的宁波市不甘寂寞，争办了国际工业设计研讨会；

环渤海工业中心的天津市别出心裁地举办了环渤海工业设计与原型开发展览；

人才集中、实力雄厚的上海市以大手笔书写着文化创意产业的大文章；

位居政治文化中心的北京市理所当然地不断举办工业设计的展览和会议；

……

政府开始重视了，企业对设计部门关注了，民众的设计意识也潜移默化地增强了。

二

在这许许多多的变化之中，最为明显的当数设计院校的快速膨胀和设计竞赛的热闹景象。不少人担心发展过快，江流直下不免鱼龙混杂，功过是非要等多年以后才会渐见分晓。就目前而言，对设计的繁荣多少会起一些推动作用吧。无疑，设计竞赛得以红红火火，要有一批热心的学生来参与，还要有敬业的老师来组织。

国内的设计竞赛经历了十余年的发展，目前已经达到了较大的规模和较高的水平。设计院校的办公桌上，经常能够看到国内某某协会、某某公司发来的设计竞赛海报或邀请函，也不时收到国外邮来的竞赛宣传品。

虽然国内设计竞赛的规模和水平与国外还有一定的差距，但是已经脱离了早期初级的状态。原先那种生产厂家以谋取眼前企图生产的某些产品的方案为目的的竞赛已逐渐减少，由个别学校包揽大部分奖项的状况也鲜有出现。当然，各种设计竞赛有着不同的目的，有的从战略角度提出近未来的课题，有的着眼于目前比较接近现实的创意作品，即使是后者，也与实际的设计项目拉开了一定的距离。奖金额度显然提高了不少，促使参赛者投入了较大的精力，参赛作品的水平也越来越好。还有一个突出的变化，过去动不动就把作者的作品收归举办者所有（发了一二百元钱奖金就“买”一个知识产权，太划算了），而现在有的设计竞赛即使颁发巨额奖金，也并不强占知识产权（或许声明举办方有优先取得转让的权利）。

近年来国内出现了一些目的性、组织工作、规模和水平都较好的设计竞赛，如果持之以恒也许会形成一种品牌。

其中应当包括在，2004中国工业设计周暨无锡国际工业设计博览会期间举办的主题设计竞赛。大赛的目的，是配合工业设计周活动，推动中国工业设计的发展，增进企业工业设计的原创能力，密切企业与设计界的联系，扩大国际设计交流与合作。

这届主题设计竞赛得到了海尔、TCL和无锡（国家）工业设计园的大力支持。他们各自提出的主题与工业设计周的总主题十分切合。

TCL多媒体电子杯工业设计主题大赛的题目是“数字互动新生活”，要求围绕家电数字化概念，以3C[COMPUTER（计算机）、COMMUNICATIONS（沟通）、CONSUME ELECTRONICS（电子消费）]为主线，紧抓“互动”二字，将先进的应用技术融合进客厅内的多媒体电子产品，向使用者展示数字世界的精彩。

海尔杯工业设计主题大赛的题目是“未来家庭创想”，要求针对未来科技发展和人类生活形态的进化，构想2010年以后“家庭生活要素”的可能形态，并使用最能够表达构想的表达方式进行诠释。

两个企业的切入点不同，一个从家电数字化技术切入，一个从家庭生活要素切入，但最终都归结到新技术和新生活的结合点上。这正是工业设计所要连接的两端，一端是技术带来的可能性（Seed），另一端是消费者未来需求的必要性（Need）。参赛者大都能够全面理解主题的要求，而且巧妙地把两个企业的要求融通组合，提出了各种各样的有前瞻性的设计方案。

无锡（国家）工业设计园设计大赛的主题则是配合园区建设，以“我心中的工业设计园”为主题征集工业设计园主题地标物。要求参赛者以丰富的想像力，根据工业设计园的主题要求，兼顾无锡的地区特征和园区的环境特征，设计出独特的园区地标物造型。

这三个主题设计大赛有上千人参与了角逐，反映了国内较高的水平。参赛者来自于全国各地，不仅有几十所设计院校的学生（其中有一定数量的研究生），而且也有较多的职业设计师。提交的作品不仅构思新颖，而且有一定的设计深度，制作的完成度也相当高。组委会邀请国内主要设计院校的知名教授担任初评委评出入围作品，以国外著名设计师为主组成终评委评出各大奖项，并在由中央电视台组织的中国工业设计周闭幕式的盛大歌舞晚会上颁奖。

三

一般来说，设计竞赛征集的作品都带有概念设计的倾向。

概念设计是一个热门话题，是设计师必须具备的基本能力，是企图走自主创新道路的企业应当研究的重大课题。在工业设计程序中，是继调查之后的首要环节。在学校教学中，是专业基础训练和专业设计训练的重要内容。

“概念”一词，英语是Concept，原本是个哲学用语。《辞海》的解释是：“反映客观事物本质的一种理性认识。人们通过实践，在感性认识的基础上，从对象的许多属性中，抽出本质属性，加以概括，形成概念。”但是，在设计、美术、音乐等领域，概念通常指的是新的观念、新的想法，是还未存在的、想要创造的事和物的属性，可以用言语表达，或者形象表达。例如21世纪城市这一概念，就是不同于20世纪旧城市的、在21世纪即将建设的新城市的功能、构造、服务、景观、风尚等等新观念、新构想、新形象的属性。

产品概念设计，是关于产品的新功能、新构造、新服务、新形象的属性的表达。概念往往是抽象的，而表达则是具体的。新产品，或许是从未存在过的全新事物，或许只是原有事物某一方面，或某几方面的更新。新产品，可能是新技术的实用化，也可能是原有技术的新用途。概念设计，有时甚至是对近未来可能出现的技术的某种预测，或者是创作者自身对全新生活方式的主观憧憬。概念设计的本质是充满创造性的。当许许多多概念设计成为现实时，我们的生活就不知不觉地发生了很大的变化。当然，希望这些概念是对人类的健康发展与地球的可持续生存有利的。

三大主题设计竞赛的获奖作品中，充满了新的“概念”，是一组设计畅想曲，能带给我们种种有益的启示。

例如，新技术的遐想，有时在易行与难成中浮游。海尔杯大奖《灵犀一点家用锁》可以手动、可以遥控，可发声音、可显图像，可改变颜色、可调节亮度，被作者称为“心情锁”。几位外国评委十分欣赏，尽管现实性可能差一些。TCL杯金奖《灵精世境》让你头戴显示仪遥控玩具车，在不知不觉中进入记忆中的童话世界。银奖《磁悬浮多方位投影电视》，可自由自在地以各种姿势，从多种角度观看投影电视。铜奖《思绪跃动MP3》，可随音乐在透明球中显示光影和内容。海尔杯银奖《透》幻想着一种虚拟墙体，铜奖《眼里的记忆》创作的是立体的相片存储球。还有指尖上的鼠标、三维的电视、多功能的数码背心、多媒体的数码屏风、各种各样的智能器具、奇奇怪怪的什么精灵……真是不一而足。年轻人的想像力确实丰富，但愿他们在今后将创意转化成现实的过程中仍然能做到游刃有余。

又如，个性的张扬，几乎是向东或向西各便。海尔杯金奖《智能手绘烤饼干机》能够随绘随烤，画出什么形状的饼干就烤制出什么形状的饼干。TCL杯银奖《茶话》将传统的喝茶体验融入到现代电子生活方式中去。《美得无处藏》女士化妆速成系统试图让立体打印化妆转印纸帮女士们快速完成自己想要的化妆，增添几分美丽。海尔杯铜奖《插花——心情之灯》在绿竹般的花瓶之中插满各式各样的灯，可随心情而自由改变。还有乐器般可以聆听新鲜空气的空气清新器，“超级蛋”形状的可网上购物的客厅冰箱，智能材料构成的可供消费者自己变换形态、色彩、温度、柔软度的家具，小巧的“雪人”冰箱，可爱的“莲子”手机……可谓千姿百态。而工业设计园地标物大奖《无极》似豆、似蛋、似种子、似珍珠，意味着无极生有极，在这里孕育着无限的创造力。

再如，伦理的反思，不得不在善与恶之间抉择。TCL杯大奖《E眼》体现了关怀弱者的理念，用电子技术放大文字图像替代老花镜，帮助老年人阅读，并能抓拍存储。海尔杯银奖《触觉时代》痛感现代亲子关系的疏远，用“听、视、触一体化情感交流枕”传递触觉功能，使小孩在睡觉时能感觉到父母在“抚摸”自己。《聆韵——聋哑人无障碍沟通系列产品》通过聋哑人手机、电子留言器、视频音频欣赏转换感受器等，让聋哑人能像正常人那样交流。而《西北生态住宅》、《城市变换》等作品关注地球环境的人为破坏，试图为人类与地球的可持续发展提出解决方案。还有方便盲人的MP3《护符》，和谐社会的情感交流笔，传统文化与现代技术交融的《太极挂钟》，室外的环境监测器，室内的居住环境调节系统……无疑心存百姓。为人类、为社会、为环境、为未来，不迷失方向，才是设计师的正道。

设计竞赛在展现参与者才能的同时，会激发竞争者的创造力。在一阵褒贬之后，将留给我们长久的回味。

本书汇集了2004年中国工业设计周暨无锡国际工业设计节三大主题设计竞赛：海尔杯“未来家庭创想”、TCL杯“数字互动新生活”、无锡工业设计园“我心中的工业设计园”的获奖作品。

刘观庆

2006年1月于无锡

目 录

海尔杯
“未来家庭创想”

CHINA INDUSTRIAL DESIGN WEEK & WUXI
INTERNATIONAL INDUSTRIAL DESIGN FESTIVAL

中国工业设计周暨无锡国际工业设计节
中国设计的创新　交流　发展
海尔杯工业设计主题大赛

◆大赛目的:
推动中国工业设计的发展，增进企业工业设计的原创能力，
密切企业与设计界的联系，扩大国际设计交流与合作。

◆大赛主题:
海尔“未来家庭创想”
针对未来科技发展和人类生活形态的进化，
构想 2010 年以后“家庭生活要素”的可能形态，
并使用最能够表达构想的表达方式进行诠释。

“家庭生活要素”包括：
1 家庭生活方式构想（如饮食、起居、沟通、休闲等）
2 家庭生活环境构想（如水、空气、光等）
3 未来家居、家电形态及使用构想（如家电、家具的新设计）
4 家庭环境的控制方式（电器、门窗、水电、安保等的控制）
参赛者可以针对一项家庭生活要素进行设计，
也可以针对多项进行整体设计。
希望参赛者抱着对未来生活的美好憧憬，
创造性地进行设计，构想出未来家庭生活的新要素。

◆评选标准:
1 符合主题要求
2 独创性
3 社会性
4 近未来技术可行性
5 设计完成度

海尔杯“未来家庭创想”主题大赛初评委

刘观庆
江南大学设计学院教授、江苏省工业设计学会副理事长
程建新
华东理工大学文化艺术学院教授、院长
陈汗青
武汉理工大学艺术与设计学院教授、院长
吴　翔
东华大学副教授、服装与艺术学院工业设计系主任
沈　杰
江南大学设计学院工业设计系主任

海尔杯“未来家庭创想”主题大赛 TCL 杯“数字互动新生活”主题大赛 “我心中的工业设计园”地标物主题大赛 终评委名单

Harald Leschke
德国奔驰公司设计高级设计总监
Dan Harden
美国 Whipsaw 工业设计公司总裁
Ilona Tormikoski（女）
芬兰工业设计师协会主席
近添雅行
日本国际设计交流协会亚太研究所主任
刘观庆
江南大学设计学院教授

中国工业设计周暨无锡国际工业设计节
工业设计主题大赛获奖名单
海尔杯“未来家庭创想”主题大赛

大奖

H0438 灵犀一点家用锁	肖治华	中南大学艺术学院工业设计系

金奖

H0463 智能手绘烤饼干机	胡世特	浙江科技学院

银奖

H0376 透	朱文静	山东大学
H0483 指舞	朱季超	北京林业大学

铜奖

H0209 插花——心情之灯	程永亮	江南大学设计学院
H0330 眼里的记忆	张 锡 卢国薇	浙江科技学院
H0420 触觉时代	姜 霄 王鹏飞	中南大学艺术学院

优秀奖

H0016 氧立方	沈于睿 王 莉	江南大学设计学院
H0104 智能化家居管理器	张 靖	北京工商大学
H0110 未来家庭生活中心	王 哲	江南大学设计学院
H0201 信息助手	何 宜 余伦超 吴有胜 张 跃	广东工业大学艺术设计学院
H0225 未来智能家具	尹金海	沈阳航空工业学院工业设计系
H0327 “雪人”冰箱设计	翟小东	武汉理工大学艺术与设计学院
H0395 护符 MP3	丁晓明	安徽工程科技学院艺术设计系
H0503 变脸	姜海波	江南大学设计学院
H0598 画谈	江 磊 李 佳 胡珺鑫	浙江科技学院
H0704 室外环境监测器	程霞梅	江南大学设计学院

入围奖

作品	作者	单位
H0040 西北生态住宅	陈　峰	浙江理工大学
H0050 电子香烟	李　萌　陈苏宁	北京理工大学设计艺术学院
H0053 城市变换	王晓东	山西大学美术学院
H0064 易 - 家	吴　磊	武汉理工大学艺术与设计学院研 0302 班
H0071 悬浮（灯具）	印　安	江苏无锡
H0073 超级蛋	夏　爽	河海大学
H0079 梦想“灯笼”	吴玉先	武汉理工大学艺术与设计学院
H0164 树下时光	潘　晶　莫家俊	江南大学设计学院工业设计 0103
H0193 聆听新空气	李火龙	河南省郑州轻工业学院艺术设计学院
H0222 果实之家	潘春明	浙江科技学院艺术系
H0229 购物冰箱	曹大伟	天津理工大学
H0234 太极 MP3	王克锐	江南大学
H0241 家用光盘存储、播放库	鲁大伟　汤　叶　陈　勇	南京艺术学院
H0256 情感交流器	夏冬伟	江苏技术师范学院
H0289 贴星	夏小邓　丁小明　邓　左	安徽工程科技学院艺术设计系
H0291 “温”情	石继克　裔兆萍　余灵芝	浙江科技学院
H0359 新型组合柜	王欣一　赵孝颖	西安科技大学机械工程学院
H0371 多纬度家电与空间	李承林　鞠杰娟	大连三洋家用电器有限公司
H0390 未来家庭洗衣系统	蒋　祺	江南大学设计学院
H0397 智能管家	戴蓉蓉	江苏南通
H0417 情趣茶几	潘春明　丁　莉　韦　薇	浙江科技学院艺术系
H0419 畅想 2010- 花好月圆	孙博文	武汉理工大学艺术与设计学院
H0467 乐行者	邱光骏　钱淑明	河海大学常州校区
H0469 呓语魔方	华　昊	南京理工大学 01 级工业设计系
H0485 H-BOX	陈择宁　伍　军　贾　旭　李朝辉　李　魏	桂林市力扬策划设计事务所
H0495 家庭养花助理	唐　芬　邓延磊	江南大学设计学院
H0507 餐桌的数字化革命	张自然	北京清华大学美术学院
H0511 聆韵—聋哑人无障碍沟通系列产品	赵　暖　李春雷	北京
H0532 123BOX	王　科　刘吉良	广西桂林电子工业学院
H0538 生活环境管家	龚佳毅	西安交通大学工业设计系
H0539 居住环境调节系统	程霞梅	江南大学
H0578 未来概念灶具—“机动天使”	刘　锐	江南大学设计学院工业设计 0104
H0610 水晶球	李　鹏	江南大学设计学院

大奖作品

灵犀一点家用锁

肖治华　　中南大学艺术学院工业设计系

灵犀一点

家用锁

海尔杯工业设计主题大赛

H0438

灵犀一点

家用锁

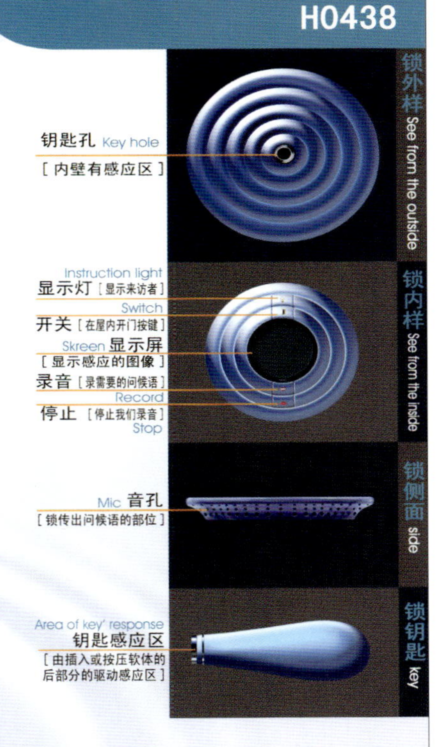

设计说明：

给生活更多的乐趣，享受更多的自由与健康，这就是我们对未来家庭生活要素的追求与期望。“灵犀一点——家用锁”是一种可以说话；可以变化颜色、亮度；以及可以遥控或手动开锁的缓解现代人心理压力的“心情锁”。它追求使用的人性化、交流的自由化、人锁的和谐统一以及心身的健康与愉悦。同时赋予锁以情感，让我们在进入家门的时候，忘却在外的烦恼，拉近人与家的感情，并更好地融入家庭，避免家庭危机的发生。

Design Instruction:

Give more pleasure, enjoy more freedom and health. These are our pursuit and expectation to future family life factors.
This kind of lock is a special instrument who can release modern people's mind pressure, they can speak, change theirselves'color, lightness, and be opened by direct hand control or control from a distance.
It pursue the humanity of use, freedom of communication, and harmonious between people and lock, as well as health and pleasure both mental and body. It give lock emotion, it make us forget the agony outside, contract the emotion distance with family members, and integrate us with family better, so to lower the rate of family crisis.

使用情景图 [Scene of use]

金奖作品

智能手绘烤饼干机

胡世特 浙江科技学院

Free hand

智能手绘烤饼干机

21世纪是个性张扬的时代，科技进步的时代，人们在生活方式上的个性化需求不断提升。
随心、随意地勾勒出自己的生活成为一部分年轻人的追求方向。free hand智能手绘烤饼干机就体现了这样的生活方式，画出你的生活，画出你的世界，画出你想要的各式各样的饼干。

银奖作品

透

朱文静 山东大学

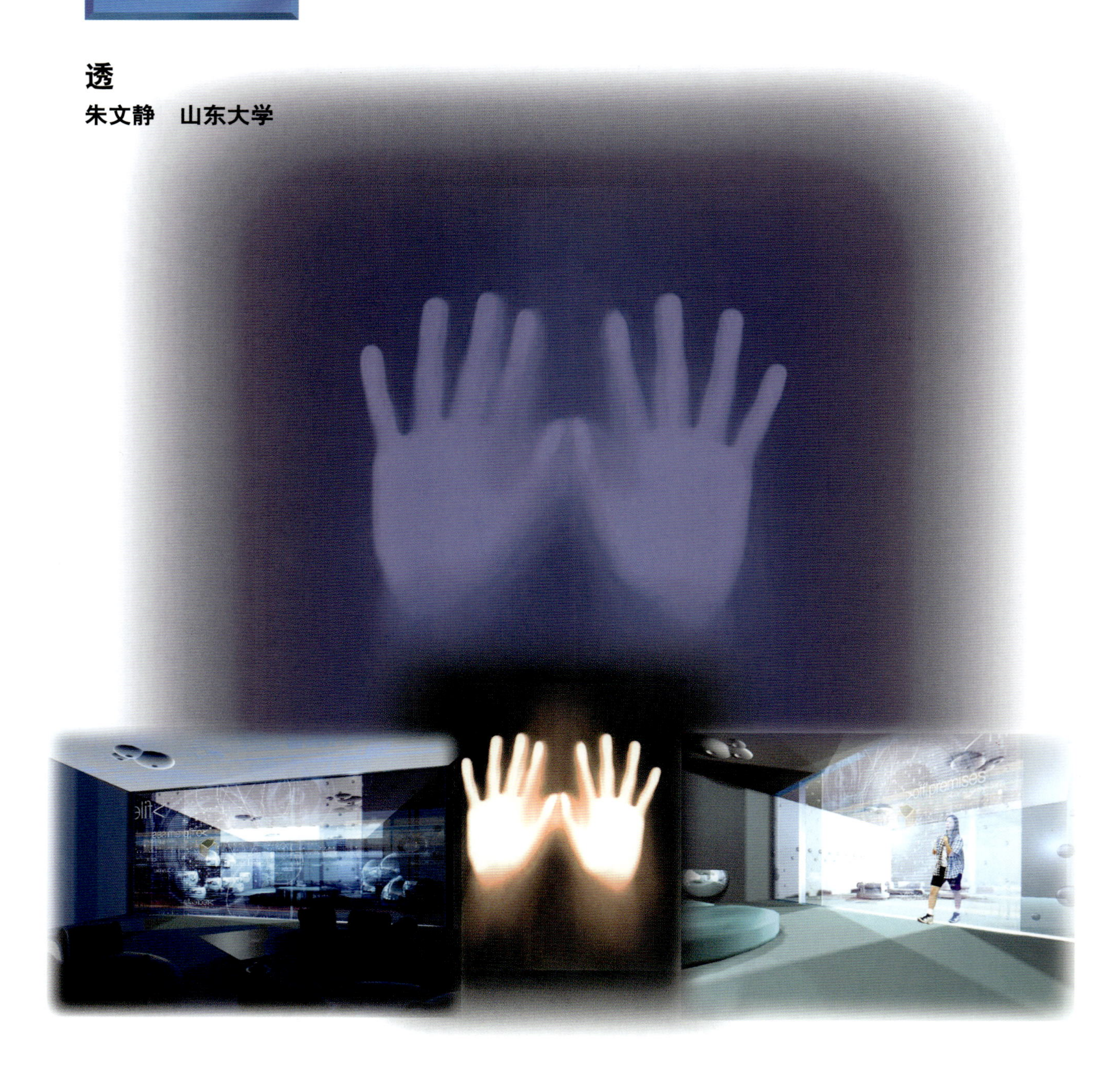

海 尔 杯 工 业 设 计 主 题 大 赛

身体穿透“墙壁”
的瞬间就像穿越时空。

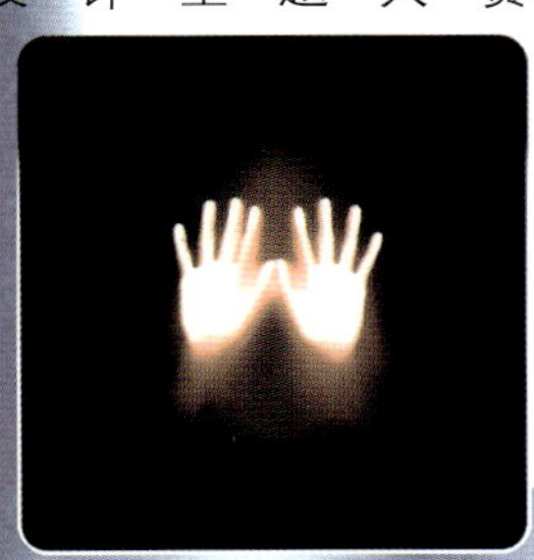

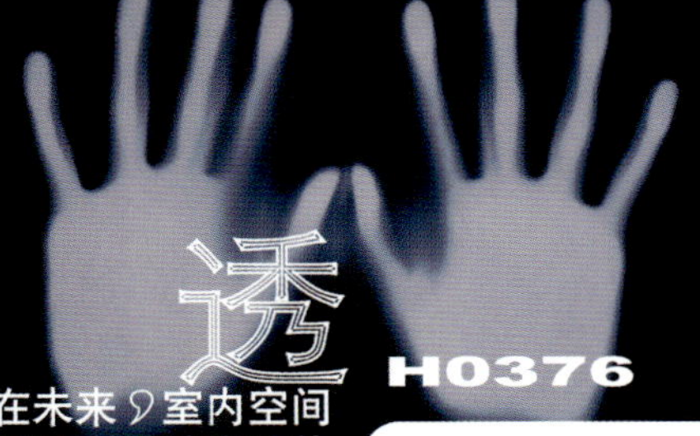

透

H0376

在未来，室内空间的分割是否仍然靠墙体呢？

既是虚拟，则可让任何人和物自由通过，并且可根据不同环境需要调整墙体透度和宽窄改变视觉效果

虚拟墙体形成超大屏幕加上多方位环绕音效，构成一个完美的家庭影院系统。

虚拟墙壁使得室内空间能得到充分利用，为室内设计提供一个更广阔的创作空间，门的条条框框被抛得无影无踪。

WHAT WILL TAKE THE PLACE OF **WALL**?

VIRTURAL REALITY WALL, WHICH COULD BE PENETRATED AND RESTRUCTURED, IS A PERFECT MULTIMEDIA SYSTEM THAT RESULT IN BETTER COMMUNICATION BETWEEN HUMAN AND SYSTEM.

指舞

朱季超 北京林业大学

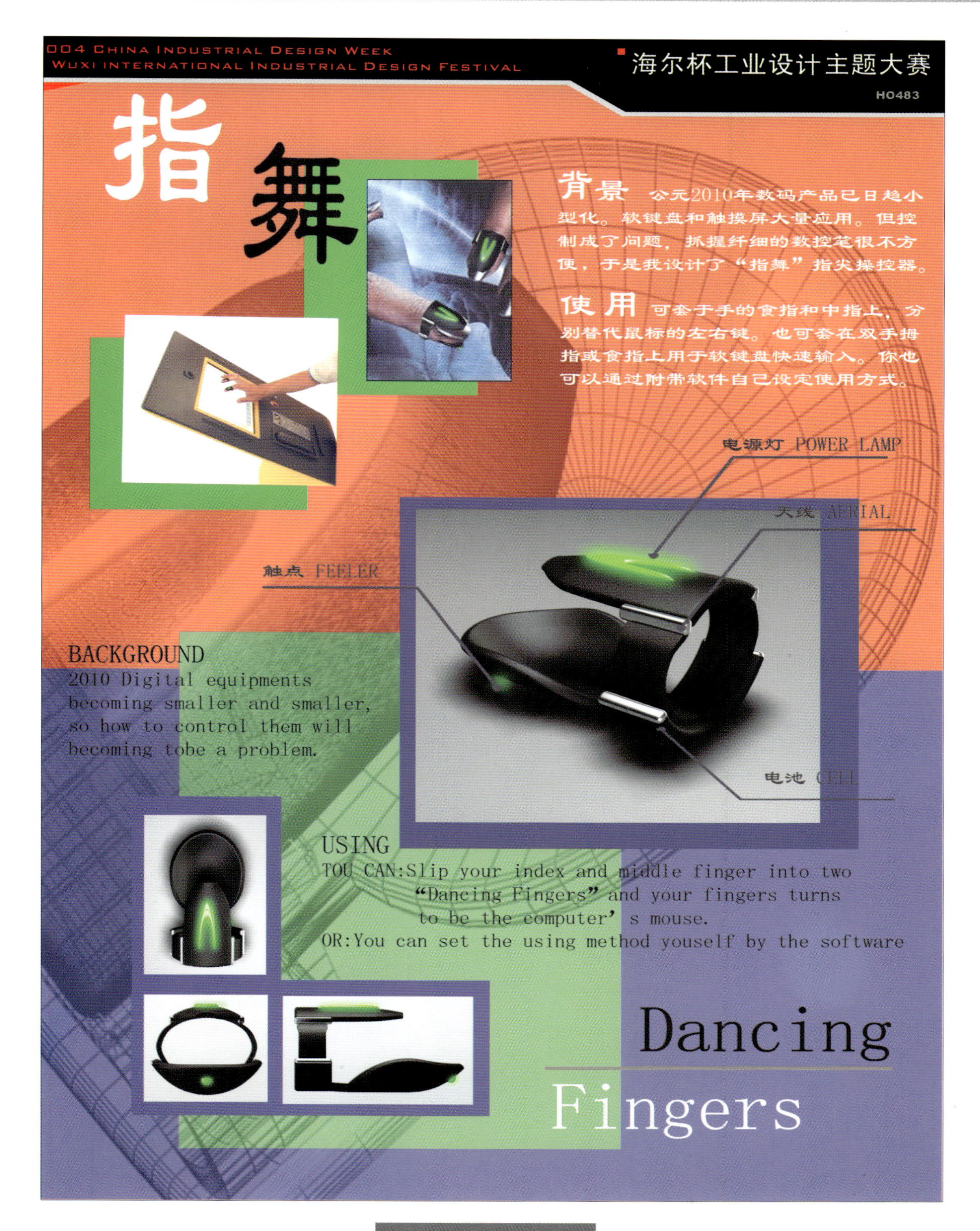
004 CHINA INDUSTRIAL DESIGN WEEK
WUXI INTERNATIONAL INDUSTRIAL DESIGN FESTIVAL
海尔杯工业设计主题大赛
H0483
指舞
背景 公元2010年数码产品已日趋小型化。软键盘和触摸屏大量应用。但控制成了问题，抓握纤细的数控笔很不方便，于是我设计了"指舞"指尖操控器。
使用 可套于手的食指和中指上，分别替代鼠标的左右键。也可套在双手拇指或食指上用于软键盘快速输入。你也可以通过附带软件自己设定使用方式。
电源灯 POWER LAMP
天线 AERIAL
触点 FEELER
电池 CELL
BACKGROUND
2010 Digital equipments becoming smaller and smaller, so how to control them will becoming tobe a problem.
USING
TOU CAN:Slip your index and middle finger into two "Dancing Fingers" and your fingers turns to be the computer' s mouse.
OR:You can set the using method youself by the software
Dancing
Fingers

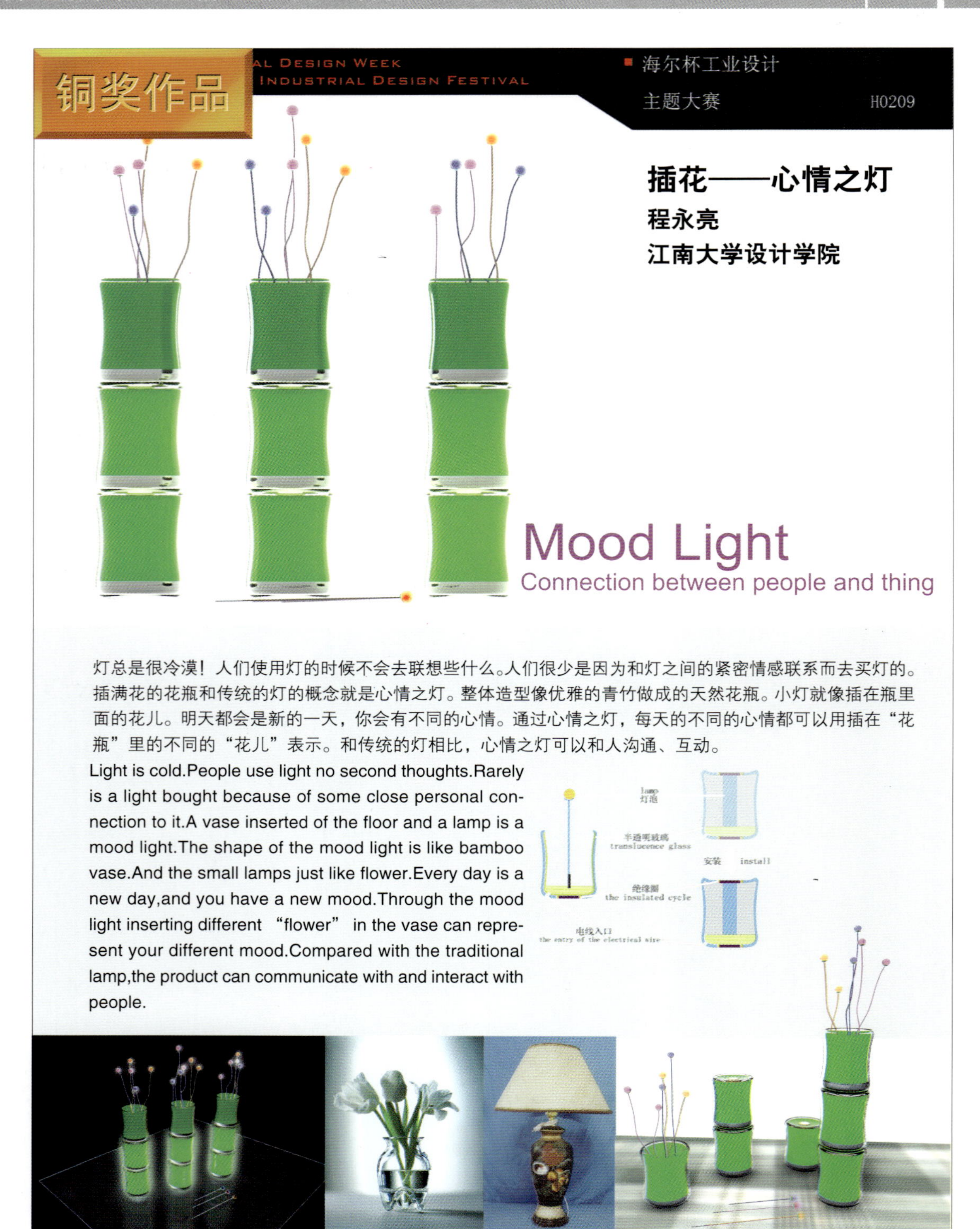
铜奖作品
AL DESIGN WEEK
INDUSTRIAL DESIGN FESTIVAL
海尔杯工业设计
主题大赛
H0209
插花——心情之灯
程永亮
江南大学设计学院
Mood Light
Connection between people and thing
灯总是很冷漠！人们使用灯的时候不会去联想些什么。人们很少是因为和灯之间的紧密情感联系而去买灯的。插满花的花瓶和传统的灯的概念就是心情之灯。整体造型像优雅的青竹做成的天然花瓶。小灯就像插在瓶里面的花儿。明天都会是新的一天，你会有不同的心情。通过心情之灯，每天的不同的心情都可以用插在“花瓶”里的不同的“花儿”表示。和传统的灯相比，心情之灯可以和人沟通、互动。
Light is cold.People use light no second thoughts.Rarely is a light bought because of some close personal connection to it.A vase inserted of the floor and a lamp is a mood light.The shape of the mood light is like bamboo vase.And the small lamps just like flower.Every day is a new day,and you have a new mood.Through the mood light inserting different “flower” in the vase can represent your different mood.Compared with the traditional lamp,the product can communicate with and interact with people.
lamp
灯泡
半透明玻璃
translucence glass
安装
install
绝缘圈
the insulated cycle
电线入口
the entry of the electrical wire

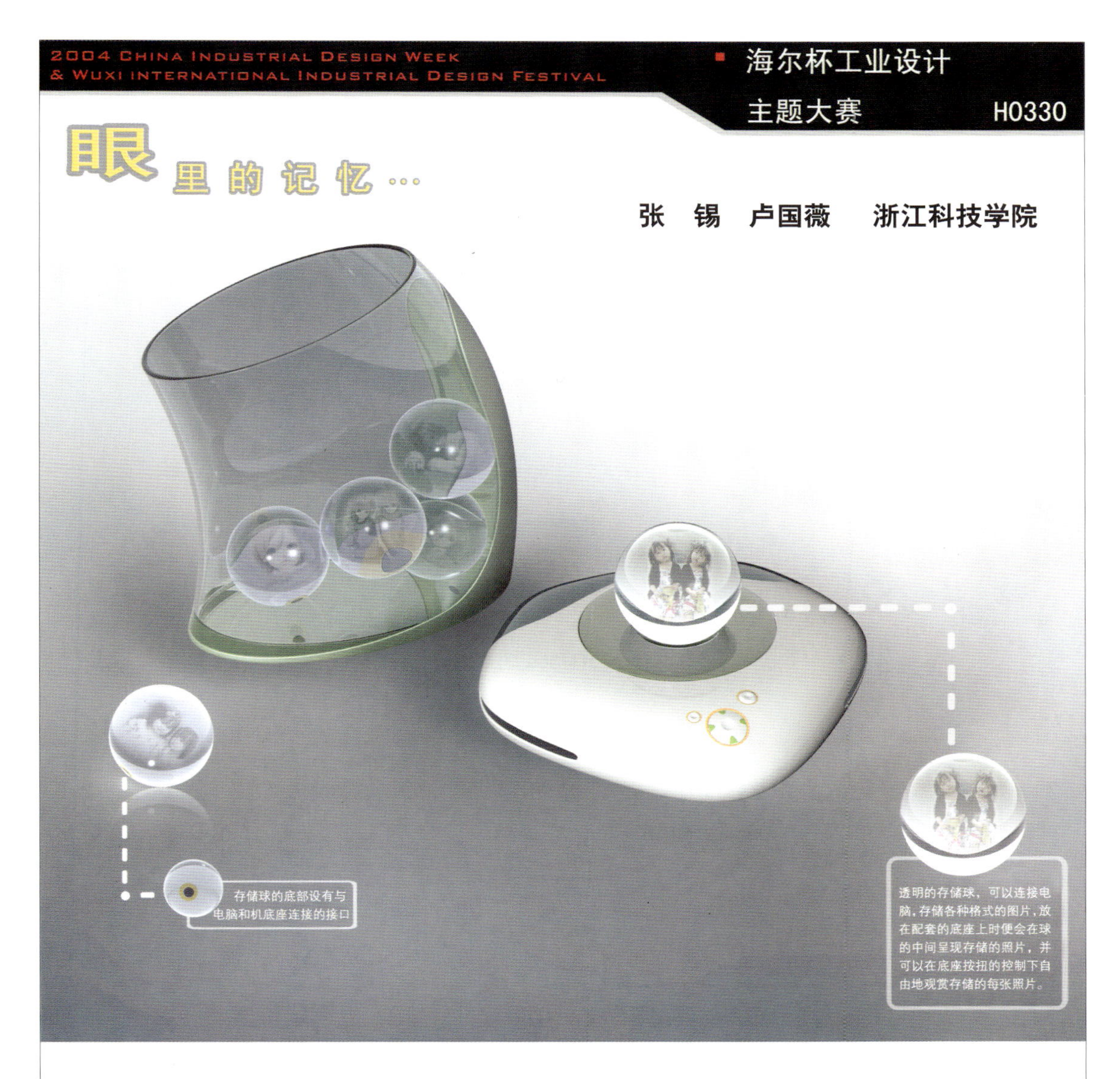

2004 CHINA INDUSTRIAL DESIGN WEEK
& WUXI INTERNATIONAL INDUSTRIAL DESIGN FESTIVAL
海尔杯工业设计
主题大赛
H0330
眼里的记忆…
张　锡　卢国薇　浙江科技学院
存储球的底部设有与
电脑和机底座连接的接口
透明的存储球，可以连接电脑，存储各种格式的图片，放在配套的底座上时便会在球的中间呈现存储的照片，并可以在底座按扭的控制下自由地观赏存储的每张照片。

设计说明：

● 留住我们生活中美好的记忆。

一生之中总能让我们回忆起许多美好的往事，那一幕幕又映入我们的眼帘，似乎就在昨日。

此款设计的产品功能上类似电子相册，可把电脑里各种格式的图片存储在透明的小球里，把小球安放在配套的机底座时，通过按钮便可自由地观赏存储的每张照片了。不用时，小球里可呈现一张低彩度的照片，以此来标注每个球所存的信息。

DESIGN EXPLAIN:

● Leave on our's beautyful remembrance in life

In our's life always let me recall a lot of bygone.

Many of the things appearing in our's eyes.as if at yesterday.This design prodactions fu tion resemble the E-photo album,can

take the every format photo into the transparence ball.When take

the ball on the foundation,you can see the photo by use the cortrol button.

and the ball can present one low colour photo when the ball doesn't work.

to lable the information into the ball.

海尔杯工业设计主题大赛
H0420

触觉时代

姜 霄 王鹏飞 中南大学艺术学院

——听、视、触一体化情感交流枕

设计特点：

我们这一代人大多为独生子女，随着成长，到了2010年便会成为社会的主力军。同时人口老龄化也变得突出，由于亲人不多，会使人们更加看中与父母和子女、爱人之间的感情交流。听觉和视觉已不能再满足人的情感交流，触觉的传递将会出现，与视、听一起成为人们交流的三维一体空间。

此产品是为未来的人群的感情交流而设计的。它不仅有传递触觉的功能，还有摄像头、投影仪交流的功能和语音对话功能。虽然没有很多时间和亲人朋友在一起，但是还是能够体会到他们更多的温暖。即使你晚上工作很忙，也能使你的小孩感觉到父母在身边抚摸着自己的手，哄自己入睡；即使和你的爱人、亲人身处异地，也能让你听到他们声音，看到他们笑貌的同时，感觉到他们熟悉而温暖的双手。

catoon style	富卡通情趣
hand modle	内有模拟手模
special gloves	内有特制手套
Lead-in technique	无线电技术
Take as your pleases	随意提拿
connect the net	与手机联网
Fluorescence	荧光效果

投影仪
摄像头
麦克

DESIGN FEATURE:

The only children will play many important partments in our socity in 2010,and many people will age in 2010,Because of the few family members , the communication with parents ,children,and lover will play an important part in their life ,People are not satisfied with the hearing and vision,so conveying the touch of sen-ce will appear.

This product is designed for emotion communication.Not only do it have a function of tramsmitting the sence of touch,but also have a mutually camera,and a microphone for communication.Though you might not play with your families and friends , you can feel more warm-heartedness.Tn spite of you come back home too late at midnight,the pillow which has stored information will make your children feel their parents hands and fall asleep qulickly.Even if you and your lover work in different places ,the product can make you see her face,hear her voice, and feel her familiar hands.

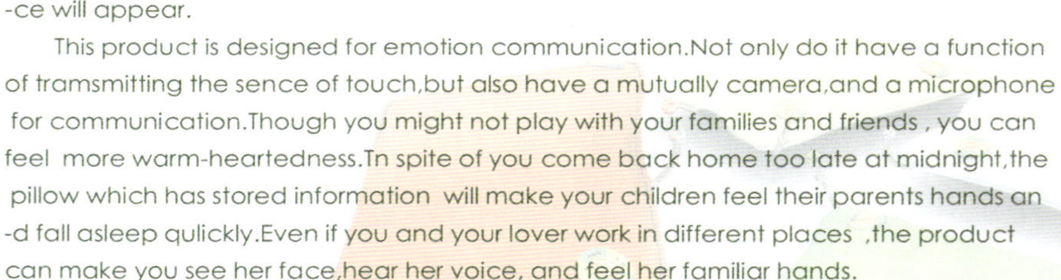

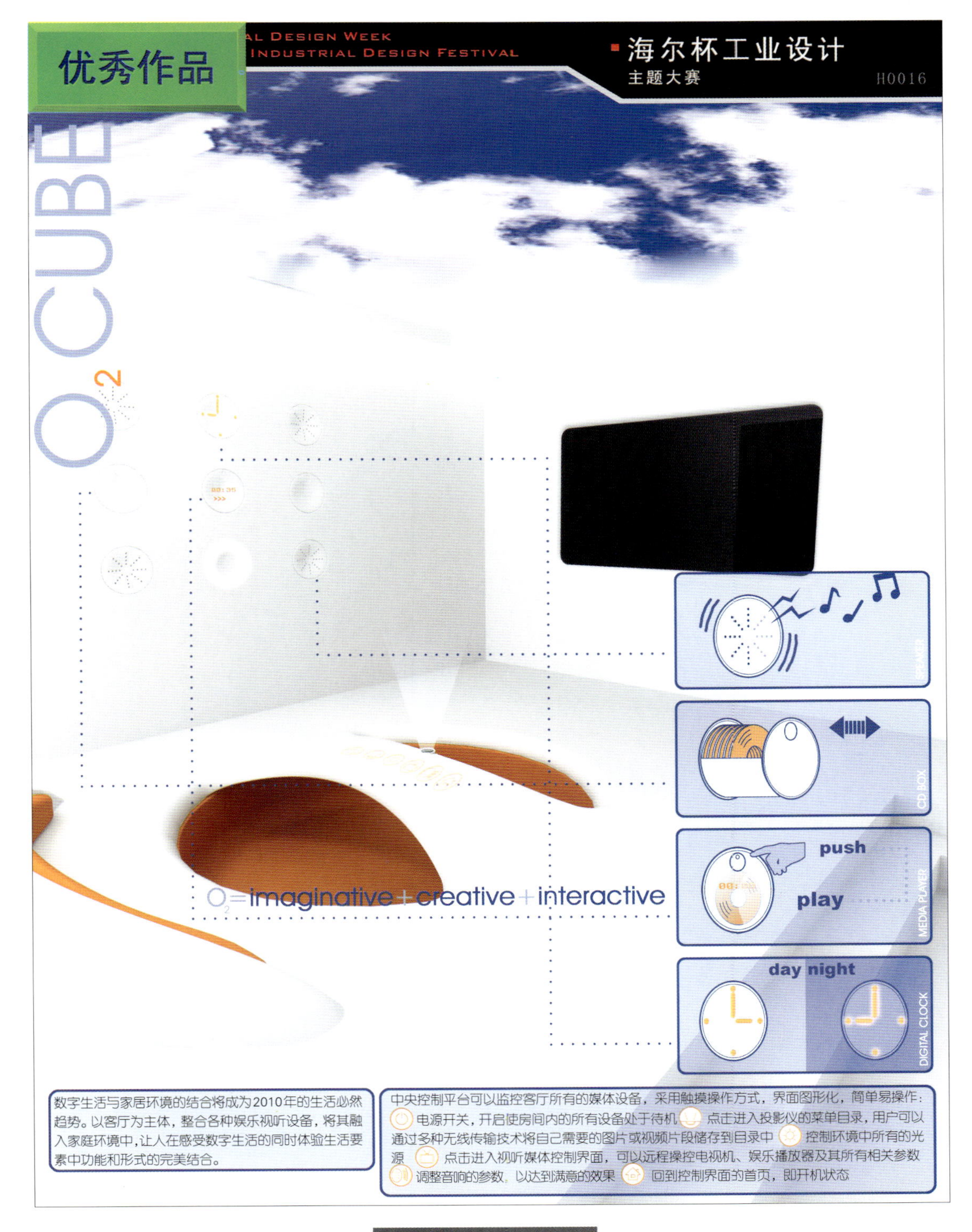
优秀作品
AL DESIGN WEEK
INDUSTRIAL DESIGN FESTIVAL
海尔杯工业设计
主题大赛
H0016
O2 CUBE
push
play
day night
CD BOX
MEDIA PLAYER
DIGITAL CLOCK
O2=imaginative+creative+interactive
数字生活与家居环境的结合将成为2010年的生活必然趋势。以客厅为主体，整合各种娱乐视听设备，将其融入家庭环境中，让人在感受数字生活的同时体验生活要素中功能和形式的完美结合。
中央控制平台可以监控客厅所有的媒体设备，采用触摸操作方式，界面图形化，简单易操作：
电源开关，开启使房间内的所有设备处于待机
点击进入投影仪的菜单目录，用户可以通过多种无线传输技术将自己需要的图片或视频片段储存到目录中
控制环境中所有的光源
点击进入视听媒体控制界面，可以远程操控电视机、娱乐播放器及其所有相关参数
调整音响的参数，以达到满意的效果
回到控制界面的首页，即开机状态

海尔“未来家庭创想”

主题设计大赛

H0104

未来“数字化新生活”，其主要特点是智能化、个性化、网络化。在一个典型的智能化家庭中，不但内部的所有电器都连在一起，而且还与互联网融为一体，它们共同构成一个智能化的生活环境。

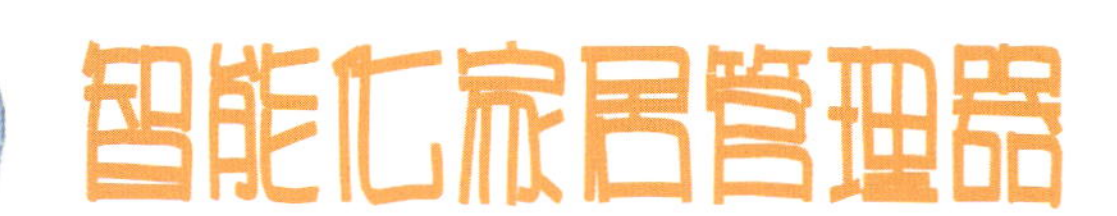

Intelligentize Home Organizer

网络家电

网络购物

家政安全

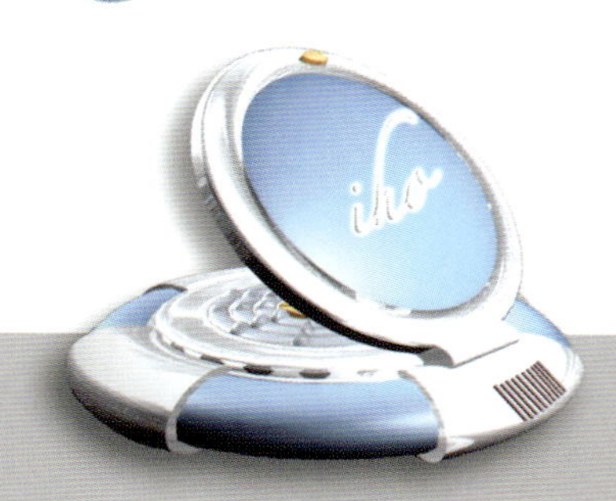

网上冲浪

通信功能

其他功能

PAGE 1

2004 CHINA INDUSTRIAL DESIGN WEEK
& WUXI INTERNATIONAL INDUSTRIAL DESIGN FESTIVAL

2004 CHINA INDUSTRIAL DESIGN WEEK
& WUXI INTERNATIONAL INDUSTRIAL DESIGN FESTIVAL

海尔杯工业设计主题大赛

H0110

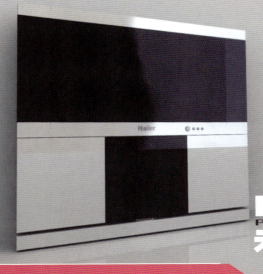

PLASMA

PLASMA DISPLAY PANEL

未来家庭生活中心

超大电浆显示器
(Plasma Display Plnel)
完美体验大画面、超轻薄、超宽视角、全平面的影像视觉享受

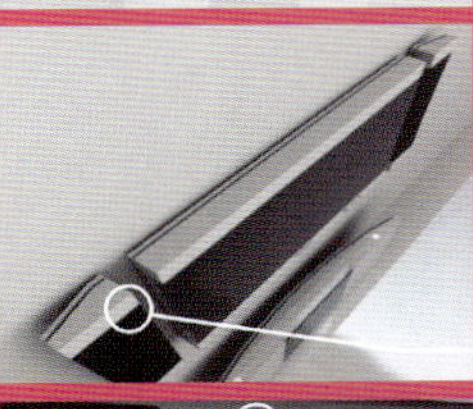

环绕立体声喇 叭

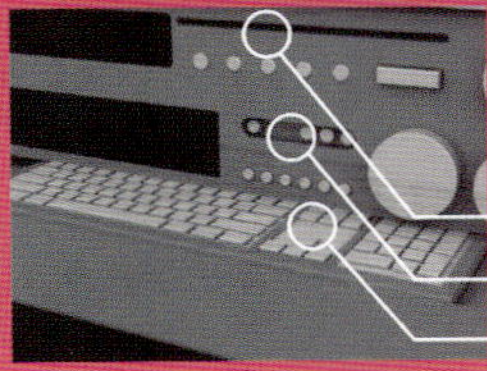

吸入式 DVD 播放 / 刻录机

AV 数字环绕立体声扩大机

MINI 个人电脑键盘

一体式遥控器

将电视遥控器、碟机遥控器、功放遥控器融为一身并可进行可视通信。集遥控器、手机于一体，并控制电视使用

家庭影音娱乐中心

整合吸入式DVD播放/刻录机、AV数字环绕立体声扩大机、环绕立体声喇叭于一体，构成完整的家庭影院套装，方便使用者使用，使之能够更便捷地享受家庭影院带来的身临其境的快意。

家庭通信网络中心

内置个人电脑，可与互联网直接连接，只需切换开关，瞬间即可将家庭影院转变为一台拥有超大电浆屏幕的个人电脑。可以进行上网浏览、视频编辑、电视节目存储，具有一般电脑功能。

家庭安防控制中心

通过电缆，可与各种安防设施相连接，如摄像头、可视电话等，可通过显示屏在家中进行实时监控，也可通过网络与保安机构联网，进行远程监控和报警。

2004 CHINA INDUSTRIAL DESIGN WEEK
& WUXI INTERNATIONAL INDUSTRIAL DESIGN FESTIVAL

海尔杯工业设计
主题设计大赛 H0201

海尔未来家庭创想

信息助手

不远的未来，我们的工作和生活节奏将越来越快，以至于给生活和工作带来许多不便，如工作时间、地点有时甚至连工作内容都具有不确定性，公、私事烦琐，休闲时间减少。由于时间的冲撞问题甚至会造成家庭成员之间缺乏沟通。为解决这个问题，我们提出了一个概念

——信息助手

设计说明：

信息助手是一个以白色陶瓷质感塑料为主要材料的多功能的多媒体电子产品，外观独特，其灵感来自颇具中国传统特色的斗笠。使用起来非常方便，你甚至在吃早餐时，就可以完全享受它带来的便利。

功能：

信息提示（日程安排、重要事件、天气）
录像留言（主要用于家庭的沟通）
无线网络服务（新闻预定、邮件、上网娱乐、家居生活帮助）

使用方法：

触摸式操作，通过触摸液晶显示屏直观的界面来控制
操作简单快捷

DESIGN FOR HAIER

设计采用三层智能材料，可实现温度、形态、色彩、柔软度的智能调节，并充分考虑了使用者的情感、心理因素。本产品主要为年轻人设计，满足这一群体活泼好动，力求变化的消费心理。
另外，手动模式可以很好地引导使用者参与到设计中来，实现形态的自由创造。拥有它，你会了解创意其实属于每一个人。
Warm
Colourful
Soft
Free
COLOUR MODE
TEMPERATURE
COLOUR
SHAPE
You will see furnitures following your inclinations in future !
COMBINATION
PATULOUS FAUCET
DATA PROCESSING UNIT
2> TEMPERATURE & RIGIDITY LAYER
ELECTIVE SHAPES
DISPOSITION MODE
未来智能家具
FUTURE DESIGN
「海尔」杯工业设计主题大赛
HO225
Hai'er Bei Gongyesheji Zhuti Dasai

「雪人」冰箱设计
Yeti:雪人，喜马拉雅雪人
（亦作：Abominable Snowman）
海尔杯工业设计主题大赛
Haier Industrial Design Competition
H0327
问题分析：
1.现有“小”冰箱只是“大”冰箱的几何缩小，无个性；
2.指示不明确，交互性差；
3.操作刻板，缺少情趣性；
4.移动性差，更不能智能移动。
设计定位：
A. 对象定位：
1.放于客厅或卧室的“附属”冰箱；
2.“无灰”家庭；
3.单身人士。
B. 情感定位：宠物化、家居化、人性化
Haier
今天人们所追求的是一种
可以感受其生命力的产品……
客厅“风景线”
Qz988
高度988毫米，有冷冻（少量，可扩充）、冷藏两室，冷冻隔板均为透明有机玻璃，便于观察，每一块隔板都可以根据需要取下。
状态指示灯，内装有高亮LED，会根据冰箱内部温度作出相应的
色彩变化
（如下示意图）
内壁多面体构造，便于从多角度观察
简约的纺锤形转轴与整体形式保持呼应
卧室“小旋风”
Qz588
高度588毫米，可根据需要进行冷冻、冷藏转换，储藏空间由可以转动的有机玻璃隔板分为三“瓣”，用来放置不同的食品。内部设计的特色之处在于用三个卡通手的橡胶构件将托盘与隔板连接，亦作为转动把手提示，富于情趣。
含蓄、和谐的把手处理，可以“遥控”打开。
万向滚轮，便于在地面“行走”伴随着轮子轻轻的转动声，门缓缓打开，每次使用就是一次与冰箱的交流
表面拉丝处理

2004 CHINA INDUSTRIAL DESIGN WEEK
& WUXI INTERNATIONAL INDUSTRIAL DESIGN FESTIVAL

海尔杯工业设计

主题设计大赛　H0395

USB 接口

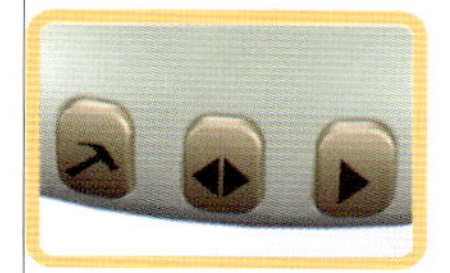

按键：凹凸设计
方便盲人

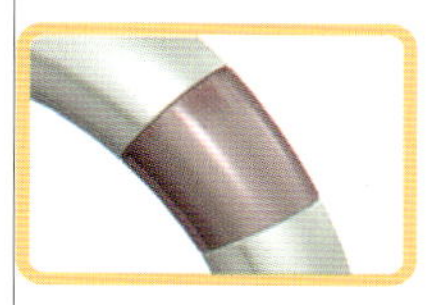

活动关节：用于调节听筒的位置

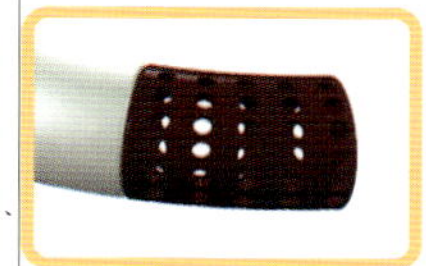

听筒：采用外置式，减少耳疲劳

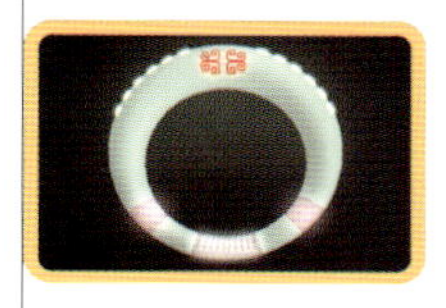

夜里的荧光效果

设计说明：

- 小巧．灵活．自由．共享．人性化是这款 MP3 的特点。
- 它采用左右分体设计．无线技术．可以和你的好友分享快乐。
- 采用语音菜单功能，可触摸按键，方便盲人使用。
- 可以和手机搭配使用。可调频收音。
- 外置式听筒，减少对耳朵的伤害。
- 组合体可以挂在胸前，是一件十分精美的饰品。

1.The touching keys,the pronunciation menus,the convenience for blind people.
2.The earphone installed outside,the effectiveness of reducing the harm and weariness to the ear.
3.It can be used together with ceil phone,be hanged in front of the chest and has theability to receive frequency modulation.
4.The wireless technology can be used separately with friends.

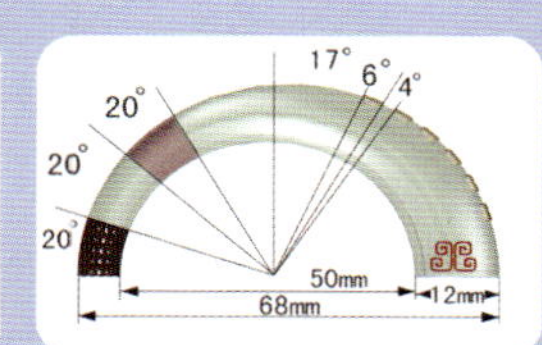

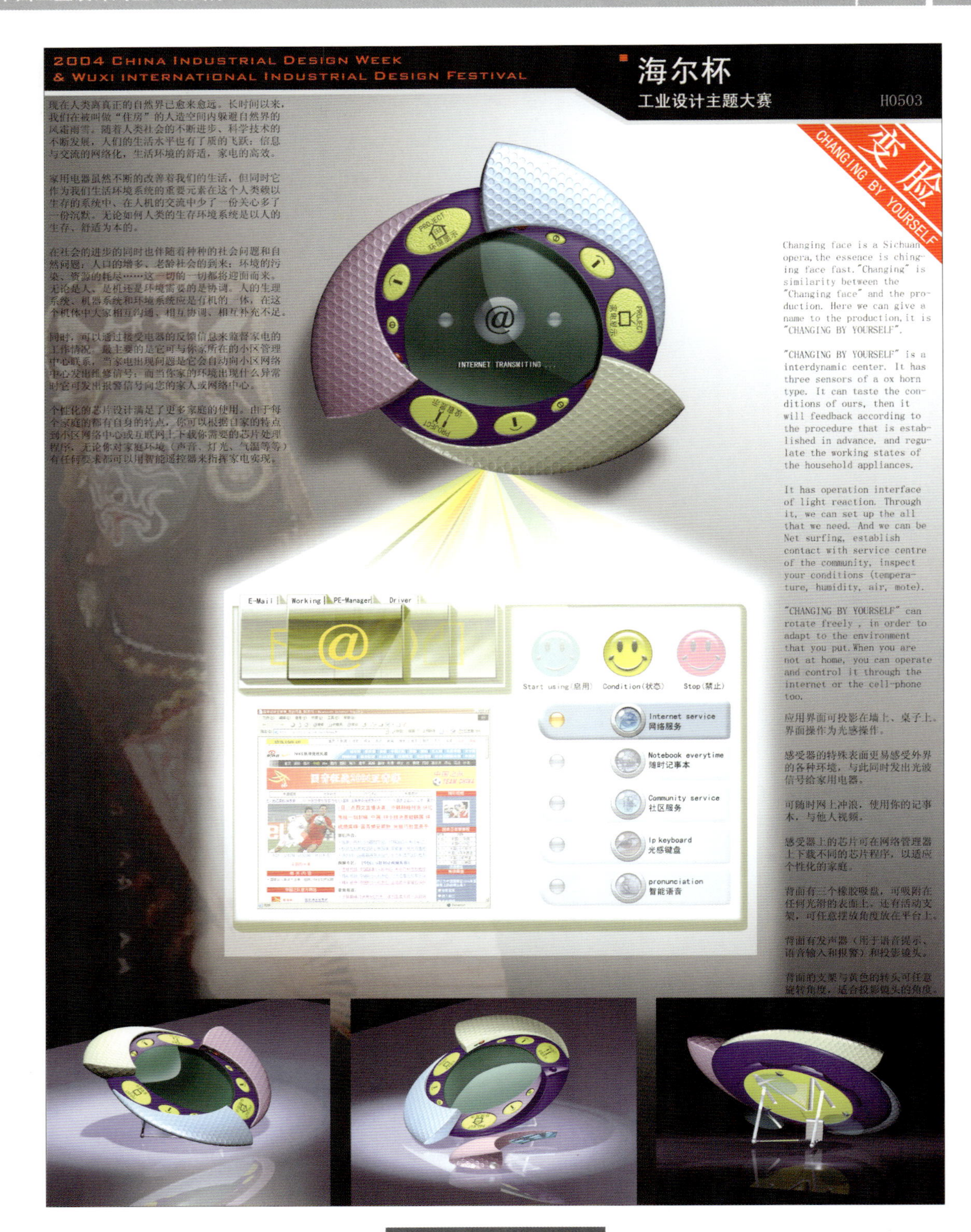
2004 China Industrial Design Week
& Wuxi International Industrial Design Festival
海尔杯
工业设计主题大赛
H0503
变脸
CHANGING BY YOURSELF
现在人类离真正的自然界已愈来愈远。长时间以来，我们在被叫做“住房”的人造空间内躲避自然界的风霜雨雪。随着人类社会的不断进步、科学技术的不断发展，人们的生活水平也有了质的飞跃：信息与交流的网络化，生活环境的舒适，家电的高效。
家用电器虽然不断的改善着我们的生活，但同时它作为我们生活环境系统的重要元素在这个人类赖以生存的系统中、在人机的交流中少了一份关心多了一份沉默。无论如何人类的生存环境系统是以人的生存、舒适为本的。
在社会的进步的同时也伴随着种种的社会问题和自然问题：人口的增多、老龄社会的到来；环境的污染、资源的耗尽……这一切的一切都将迎面而来。无论是人、是机还是环境需要的是协调。人的生理系统、机器系统和环境系统应是有机的一体，在这个机体中大家相互沟通、相互协调、相互补充不足。
同时，可以通过接受电器的反馈信息来监督家电的工作情况。最主要的是它可与你家所在的小区管理中心联系，当家电出现问题是它会自动向小区网络中心发出维修信号；而当你家的环境出现什么异常时它可发出报警信号向您的家人或网络中心。
个性化的芯片设计满足了更多家庭的使用。由于每个家庭的都有自身的特点，你可以根据自家的特点到小区网络中心或互联网上下载你需要的芯片处理程序。无论你对家庭环境（声音、灯光、气温等等）有任何要求都可以用智能遥控器来指挥家电实现。
PROJECT 环境显示
PROJECT 家电显示
PROJECT 设置显示
INTERNET TRANSMITING ...
Changing face is a Sichuan opera, the essence is changing face fast. "Changing" is similarity between the "Changing face" and the production. Here we can give a name to the production, it is "CHANGING BY YOURSELF".
"CHANGING BY YOURSELF" is a interdynamic center. It has three sensors of a ox horn type. It can taste the conditions of ours, then it will feedback according to the procedure that is established in advance, and regulate the working states of the household appliances.
It has operation interface of light reaction. Through it, we can set up the all that we need. And we can be Net surfing, establish contact with service centre of the community, inspect your conditions (temperature, humidity, air, mote).
"CHANGING BY YOURSELF" can rotate freely, in order to adapt to the environment that you put. When you are not at home, you can operate and control it through the internet or the cell-phone too.
应用界面可投影在墙上、桌子上。界面操作为光感操作。
感受器的特殊表面更易感受外界的各种环境，与此同时发出光波信号给家用电器。
可随时网上冲浪，使用你的记事本，与他人视频。
感受器上的芯片可在网络管理器上下载不同的芯片程序，以适应个性化的家庭。
背面有三个橡胶吸盘，可吸附在任何光滑的表面上。还有活动支架，可任意摆放角度放在平台上。
背面有发声器（用于语音提示、语音输入和报警）和投影镜头。
背面的支架与黄色的转头可任意旋转角度，适合投影镜头的角度。
E-Mail
Working
PE-Manager
Driver
Start using(启用)
Condition(状态)
Stop(禁止)
Internet service
网络服务
Notebook everytime
随时记事本
Community service
社区服务
Ip keyboard
光感键盘
pronunciation
智能语音

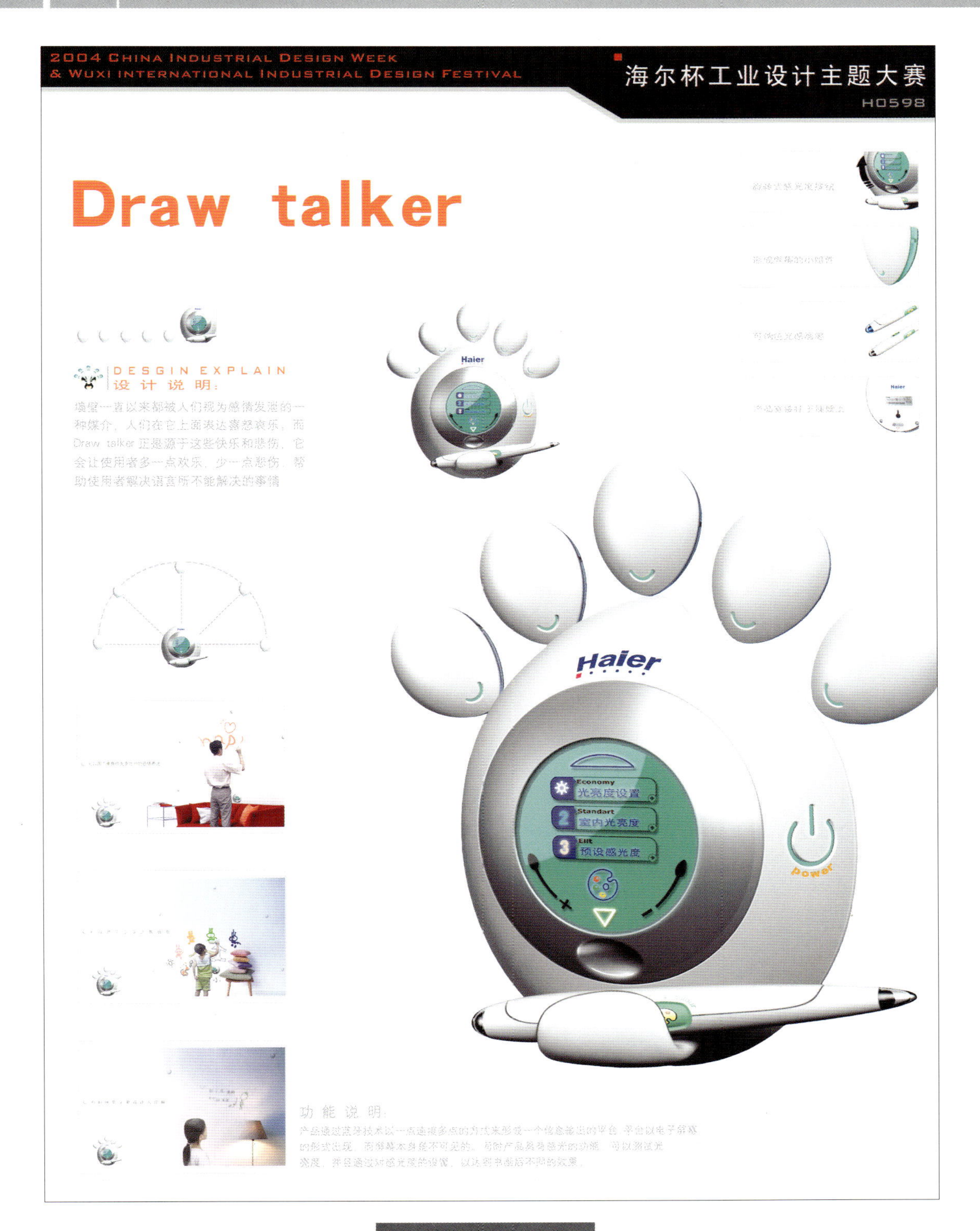
2004 CHINA INDUSTRIAL DESIGN WEEK
& WUXI INTERNATIONAL INDUSTRIAL DESIGN FESTIVAL
海尔杯工业设计主题大赛
H0598
Draw talker
DESGIN EXPLAIN
设 计 说 明：
墙壁一直以来都被人们视为感情发泄的一种媒介，人们在它上面表达喜怒哀乐，而Draw talker正是源于这些快乐和悲伤，它会让使用者多一点欢乐，少一点悲伤，帮助使用者解决语言所不能解决的事情
Haier
Economy
光亮度设置
Standart
室内光亮度
Elit
预设感光度
power
功 能 说 明：
产品通过蓝牙技术以一点连接多点的方式来形成一个信息输出的平台，平台以电子屏幕的形式出现，而屏幕本身是不可见的。同时产品具有感光的功能，可以测试光亮度，并且通过对感光度的设置，以达到书画后不同的效果。

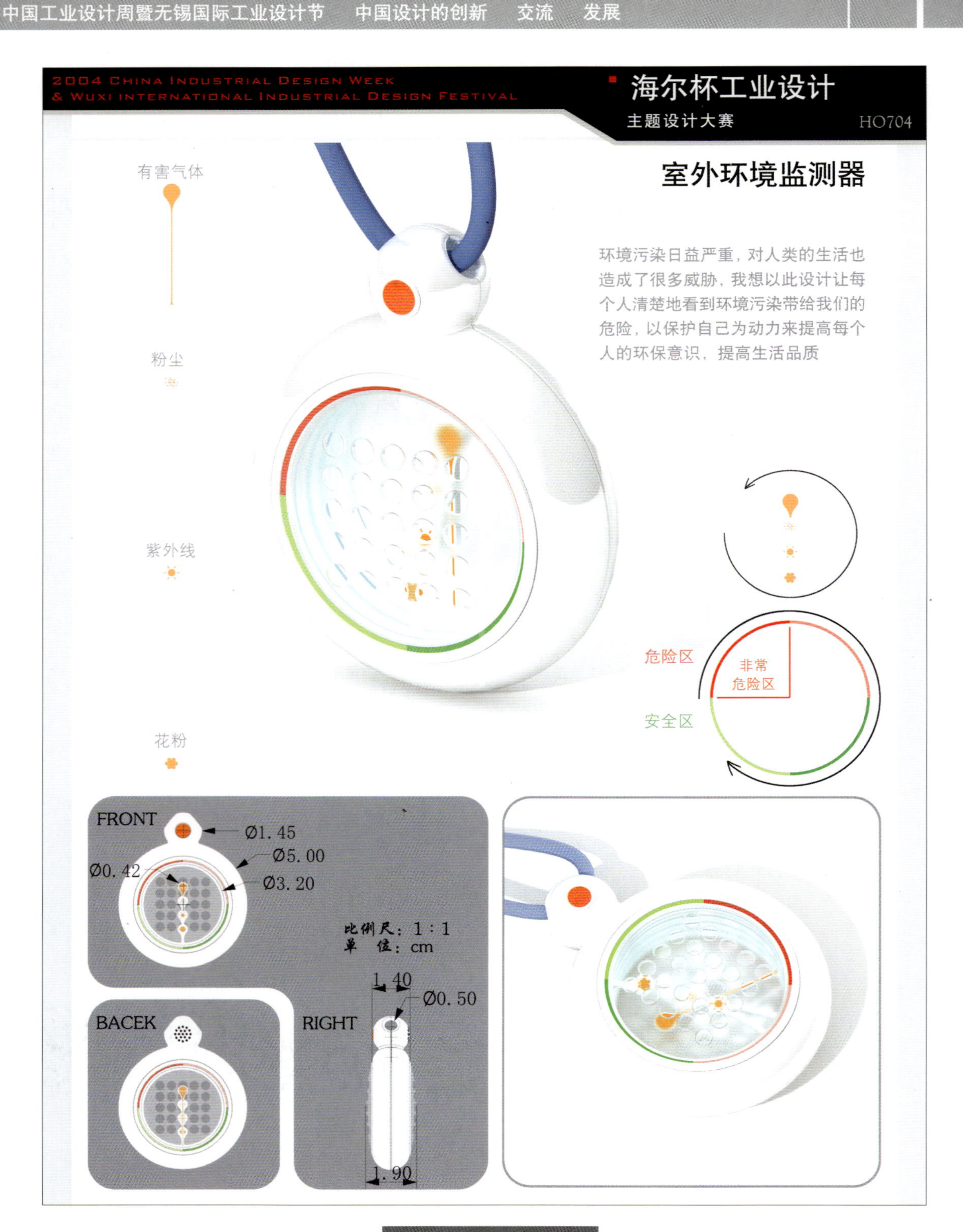
2004 China Industrial Design Week
& Wuxi International Industrial Design Festival
海尔杯工业设计
主题设计大赛
HO704
室外环境监测器
有害气体
粉尘
紫外线
花粉
环境污染日益严重，对人类的生活也造成了很多威胁，我想以此设计让每个人清楚地看到环境污染带给我们的危险，以保护自己为动力来提高每个人的环保意识，提高生活品质
危险区
非常
危险区
安全区
FRONT
Ø1.45
Ø5.00
Ø0.42
Ø3.20
比例尺：1：1
单 位：cm
1.40
Ø0.50
BACEK
RIGHT
1.90

入围作品

海尔杯工业设计主题大赛

未来家庭生活环境构想——西北生态住宅 H0040

在西北的陕西，甘肃一带，很多人选择居住形式为窑洞，窑洞有其优点：

一、施工方便——构成窑洞的土壤具有壁立不倒的特性，只需简单工具，即可掏挖。

二、节省建筑材料——窑洞是"减法建筑"，掏挖成洞穴后，只需在洞口用木材制造门窗。考究些的窑洞会在洞口发砖券、窑内做粉刷，不需要多少建筑材料。

三、节省能源、减少污染——窑洞内冬暖夏凉，毋须防暑降温及采暖设备，节省能源。同时因不用砖，减少烧砖时木材及煤的燃烧，因而减少空气污染。

四、地坑窑节省耕地——地坑窑的窑顶上可以种庄稼，行车走人，少占耕地面积。

窑洞的缺点：

一、窑洞只单面开门窗，缺少空气对流，通风不好。

二、窑洞不能营造宽敞的大空间，虽然窑洞的深度可以做到很大，但宽度受土壤拱券跨度的局限，不能做得很大。

三、窑洞使用区的地下水位一般很低，土壤较干燥，居民用水非常节省，所以不存在排水困难的问题。不过，一旦居民生活水平提高，用水量大增时，排水问题不易解决，而这种土壤遇水后是很容易流失的。

黄土高原

开垦后的地区

种植被的黄土高原

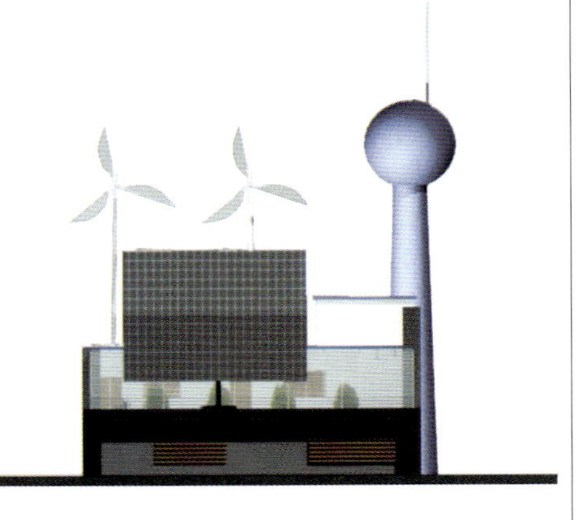

2010年后中国的环境将进一步恶化，西北的人，将更多地面临黄沙、水资源缺乏等问题，资源的自给自足将更为重要，人们将更多地利用太阳能、风能等无污染的自然资源，自备设施，提供必要的生活用电。

2010年后人们将尝试控制自己的生活环境

人们自己利用风能太阳能发电，发的电能供给生活照明、控制家电等方面。在水的利用方面，人们将利用大气的降水，通过地下水的渗透，通过人工建造的净化设施将其净化，人们将集体或者个人净化大自然中的水资源。

在外部环境恶化的将来，人类将更加努力地改善环境并使自己生活的小环境能为自己服务，在和外部隔绝的小的环境内部，自己能控制小环境的温度、湿度、光照等。

缺少植被的窑洞

黄河边的人们

建立小环境后的房子

H0050

海尔杯工业设计主题大赛

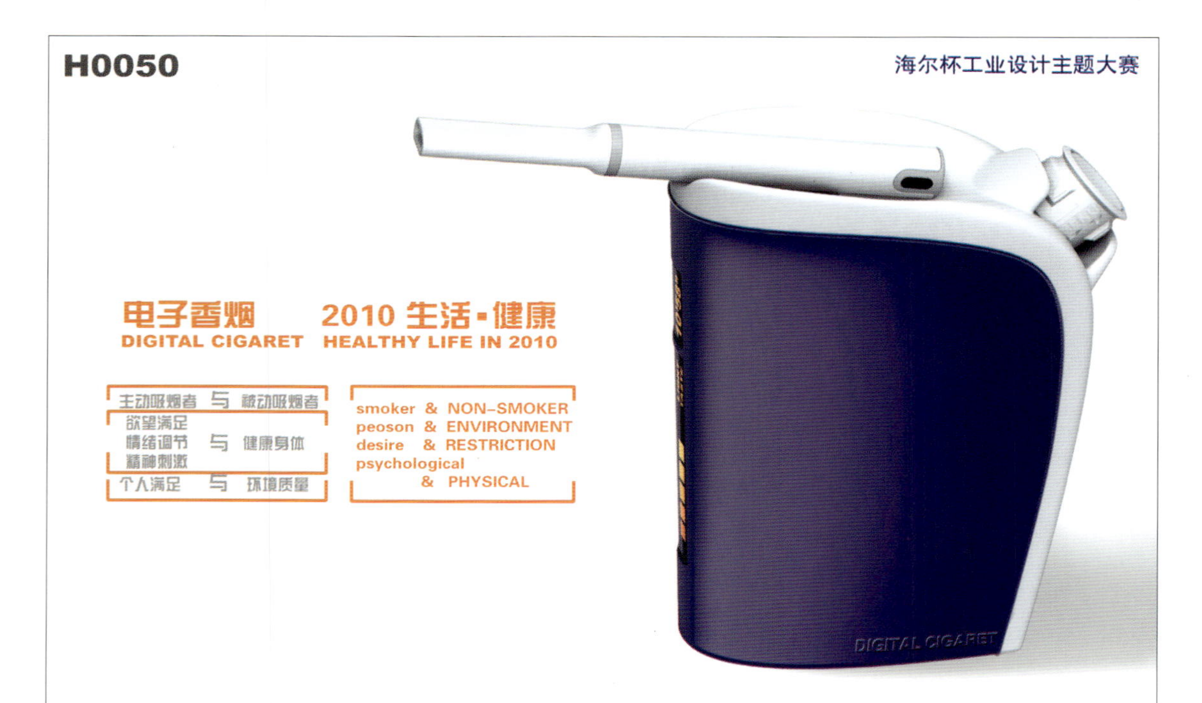

[烟]之有理 OK SMOKING ?

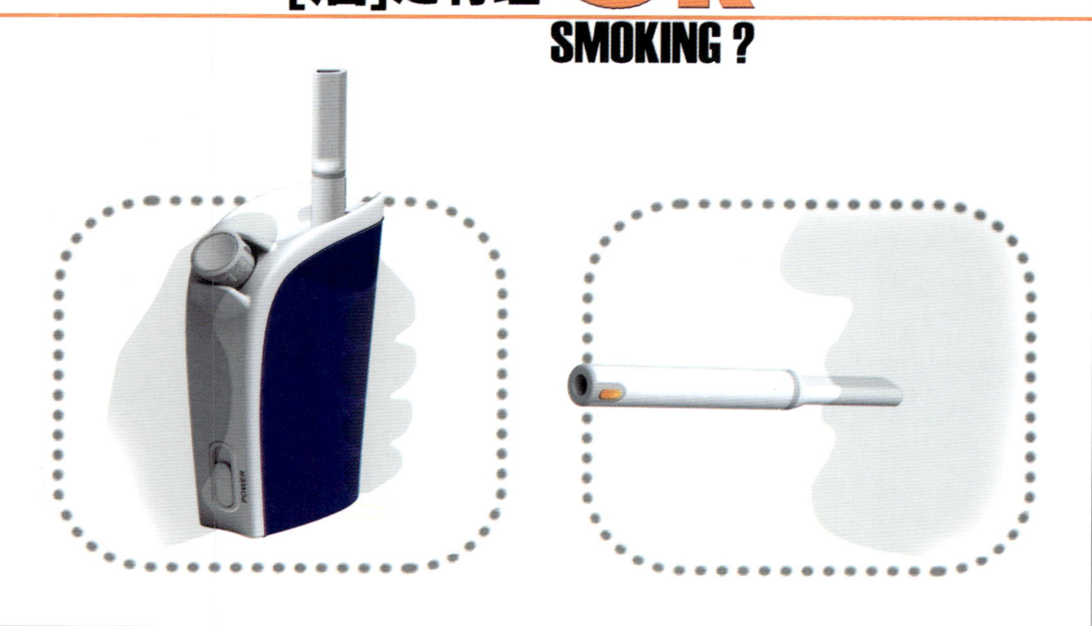

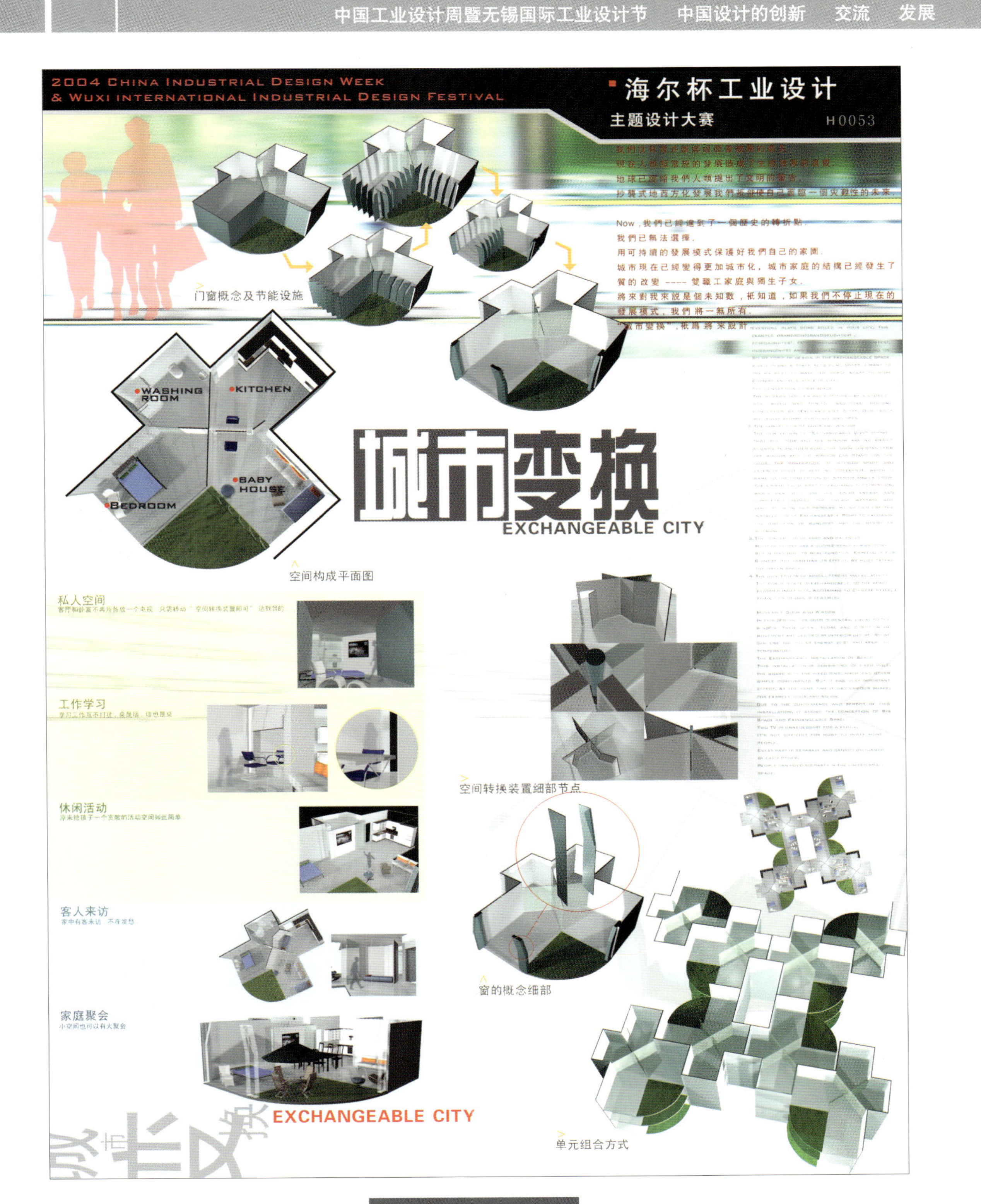
2004 CHINA INDUSTRIAL DESIGN WEEK
& WUXI INTERNATIONAL INDUSTRIAL DESIGN FESTIVAL
海尔杯工业设计
主题设计大赛
H0053
抄襲式地西方化發展我們祗能使自己面臨一個災難性的未來.
Now ,我們已經達到了一個歷史的轉折點.
我們已無法選擇.
用可持續的發展模式保護好我們自己的家園.
城市現在已經變得更加城市化，城市家庭的結構已經發生了質的改變 ----- 雙職工家庭與獨生子女.
將來對我來說是個未知數，祗知道，如果我們不停止現在的發展模式，我們將一無所有.
门窗概念及节能设施
WASHING ROOM
KITCHEN
BABY HOUSE
BEDROOM
城市变换
EXCHANGEABLE CITY
空间构成平面图
私人空间
工作学习
休闲活动
客人来访
家庭聚会
空间转换装置细部节点
窗的概念细部
EXCHANGEABLE CITY
单元组合方式

2004 中国工业设计周海尔杯工业设计主题大赛

2004 CHINA INDUSTRIAL DESIGN WEEK & WUXI INTERNATIONAL INDUSTRIAL DESIGN FESTIVAL

A 模块化整体橱柜设计

MODULARIZATION

KITCHEN DESIGN

H0064

易·家

EASE LIFE

KITCHEN AND RESTROOM DESIGN

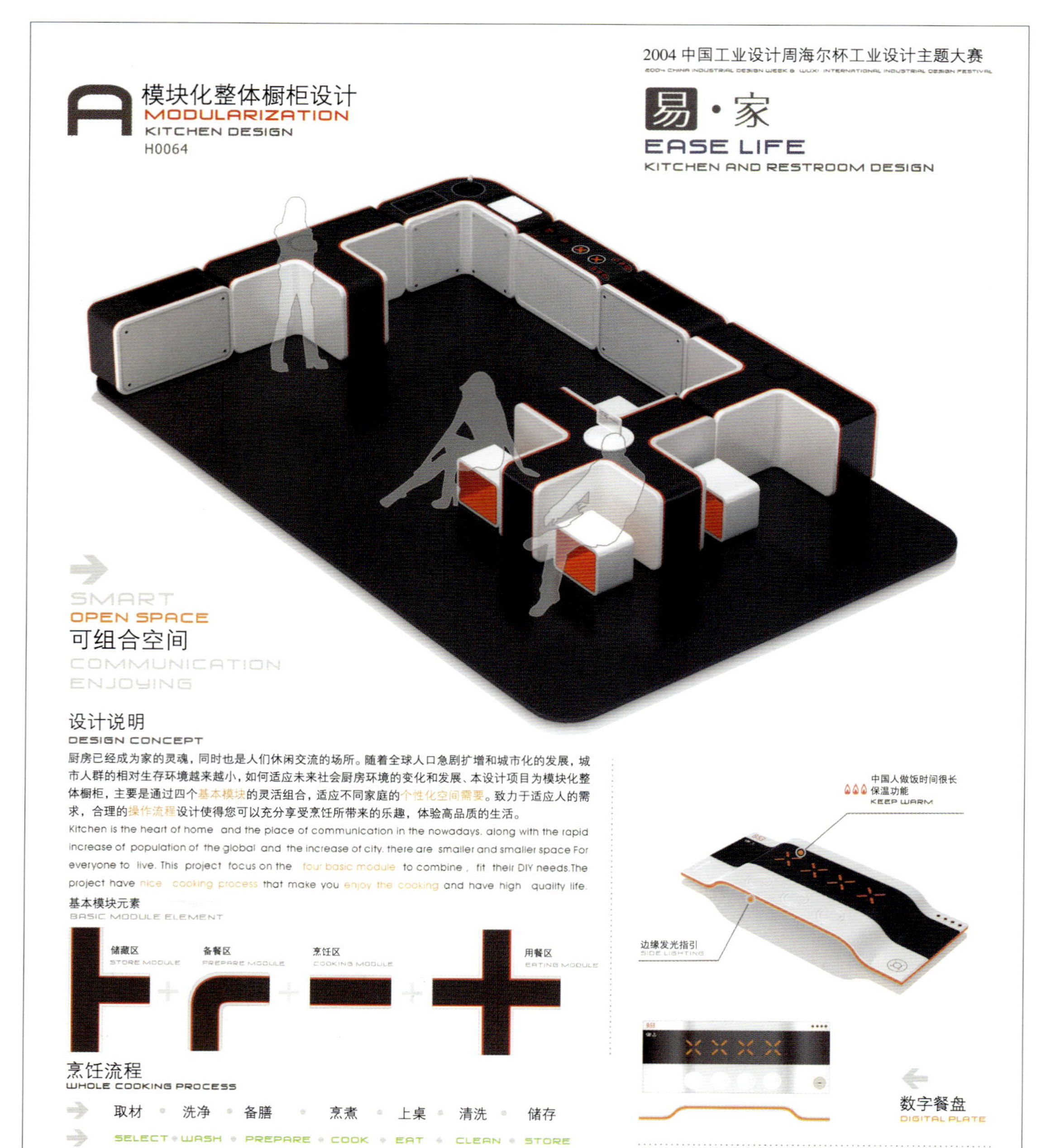

SMART

OPEN SPACE

可组合空间

COMMUNICATION

ENJOYING

设计说明

DESIGN CONCEPT

厨房已经成为家的灵魂，同时也是人们休闲交流的场所。随着全球人口急剧扩增和城市化的发展，城市人群的相对生存环境越来越小，如何适应未来社会厨房环境的变化和发展、本设计项目为模块化整体橱柜，主要是通过四个基本模块的灵活组合，适应不同家庭的个性化空间需要。致力于适应人的需求，合理的操作流程设计使得您可以充分享受烹饪所带来的乐趣，体验高品质的生活。

Kitchen is the heart of home and the place of communication in the nowadays. along with the rapid increase of population of the global and the increase of city. there are smaller and smaller space For everyone to live. This project focus on the four basic module to combine , fit their DIY needs.The project have nice cooking process that make you enjoy the cooking and have high quality life.

基本模块元素

BASIC MODULE ELEMENT

烹饪流程

WHOLE COOKING PROCESS

取材 · 洗净 · 备膳 · 烹煮 · 上桌 · 清洗 · 储存

SELECT · WASH · PREPARE · COOK · EAT · CLEAN · STORE

数字餐盘

DIGITAL PLATE

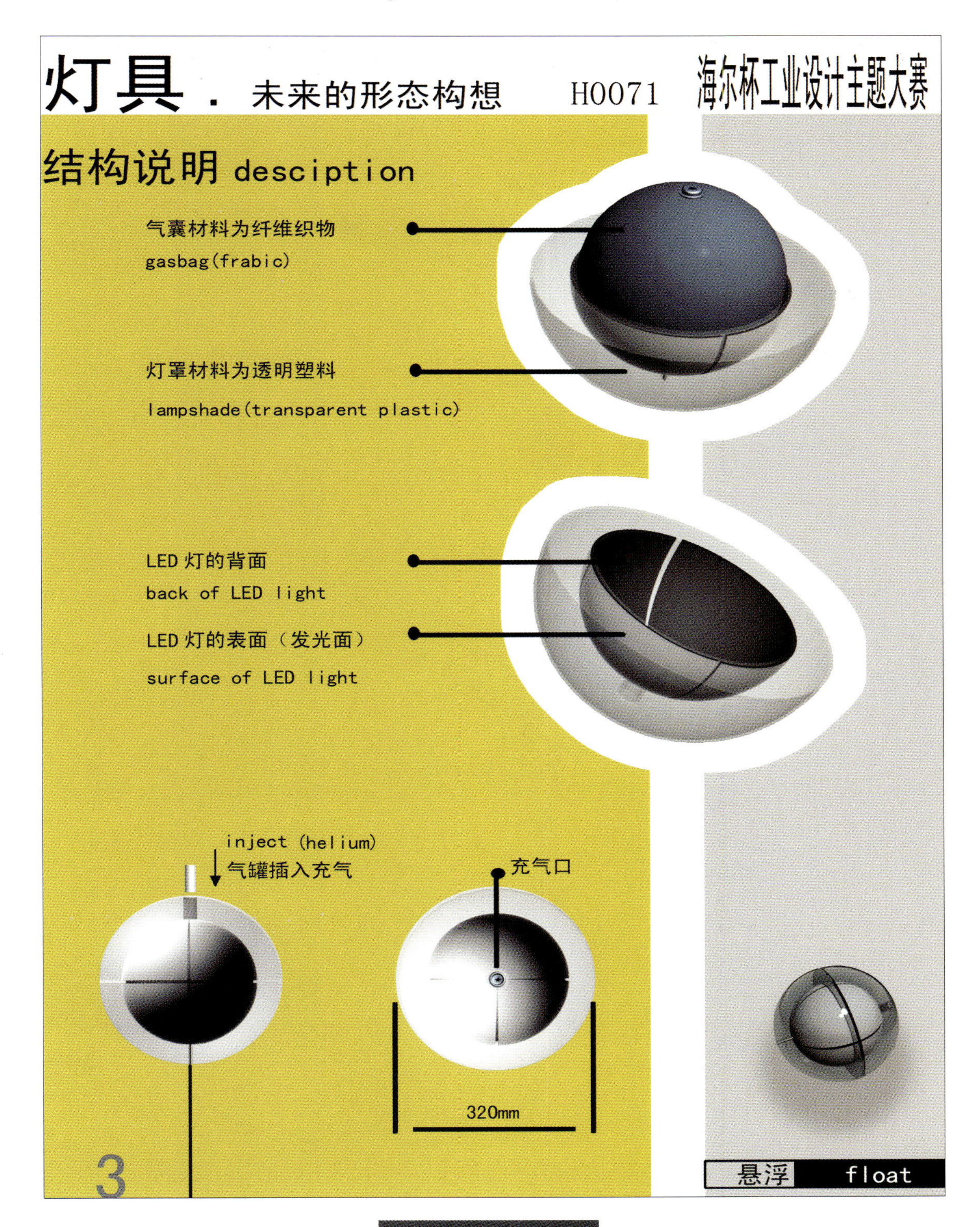
灯具．未来的形态构想
H0071
海尔杯工业设计主题大赛
结构说明 desciption
气囊材料为纤维织物
gasbag(frabic)
灯罩材料为透明塑料
lampshade(transparent plastic)
LED 灯的背面
back of LED light
LED 灯的表面（发光面）
surface of LED light
inject (helium)
气罐插入充气
充气口
320mm
3
悬浮
float

超级蛋 SUPER EGG

对于2010年，人们的生活节奏可能越来越快，人们对于时间和环境的要求将越来越高，由于网络的高速发展，伴随着网络购物这未来一大趋势，冰箱将以其崭新的面貌融入未来生活。我这款客厅冰箱就是将现行冰箱的功能和未来趋势结合，其主要功能是将现行冰箱容易混味这一缺点解决。上部四个圆孔具有快速冷冻装置，对于啤酒饮料可及时冰镇。内部独有的圆形空间，摆放更加自由。顶部的无线网络装置使你随意网上购物，并且对家庭内部环境进行随时监测，与主人保持自由联络，主人只要通过手机就可以了解家里的一切情况，因为它具有自动行走装置。

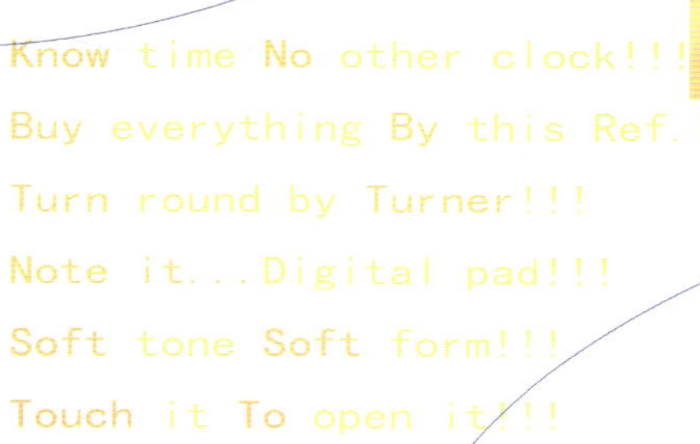

Know time No other clock!!!
Buy everything By this Ref.!!
Turn round by Turner!!!
Note it...Digital pad!!!
Soft tone Soft form!!!
Touch it To open it!!!

充分考虑人机工程要素，我们要求未来生活更加舒适、便捷！

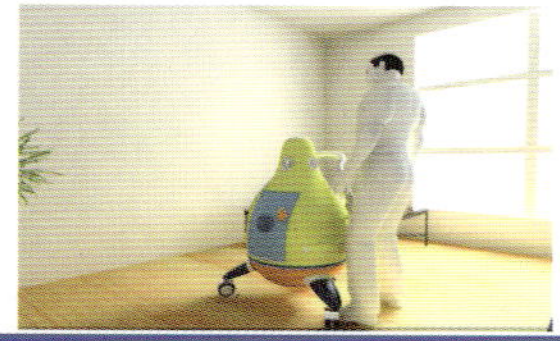

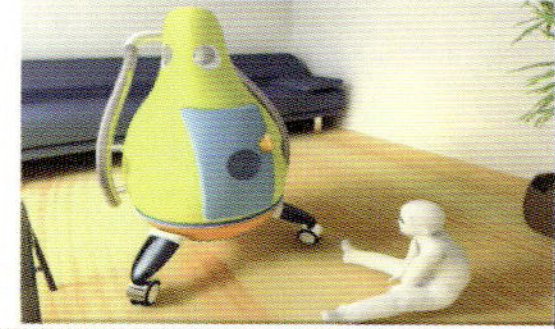

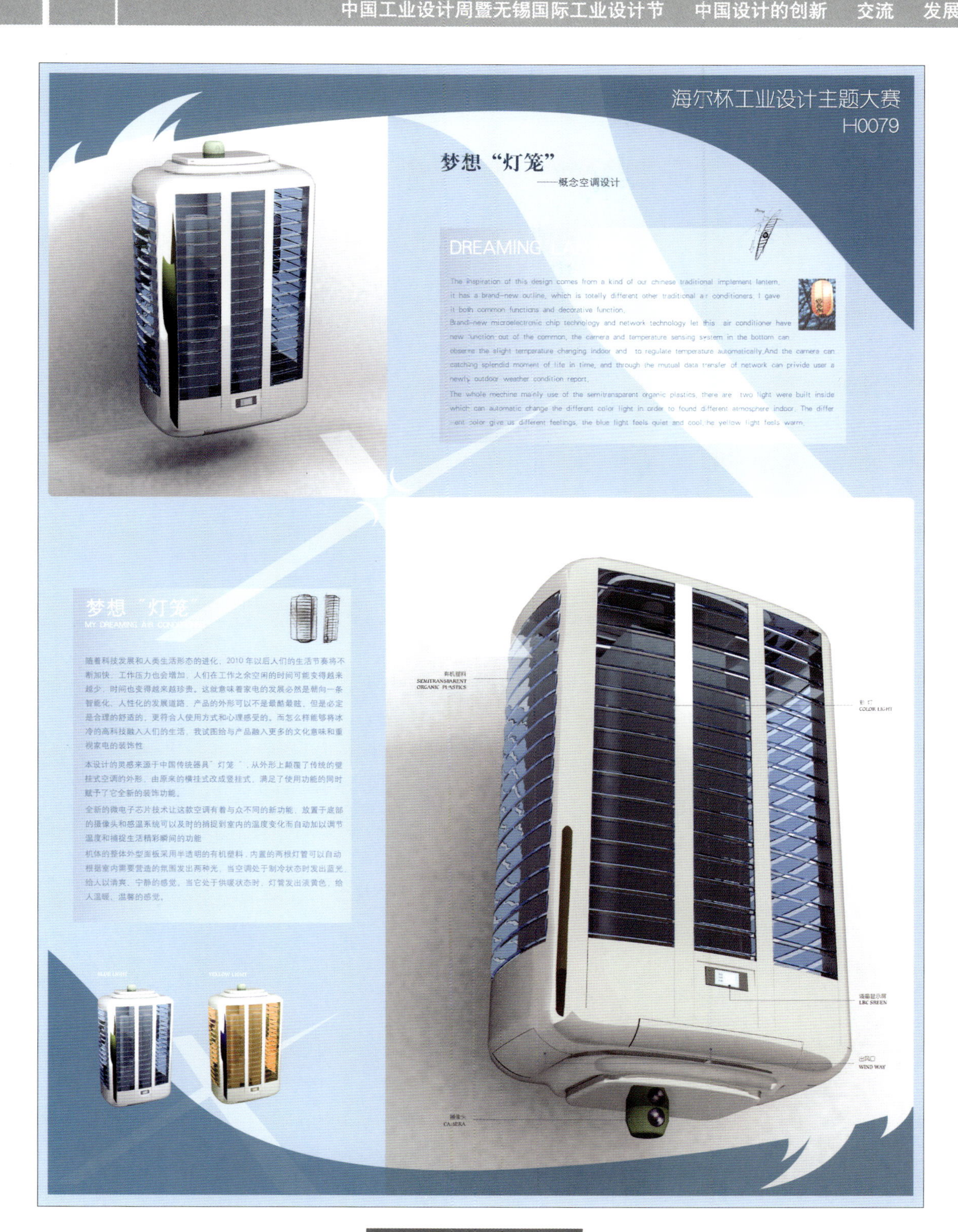

海尔杯工业设计主题大赛
H0079
梦想“灯笼”
——概念空调设计
DREAMING
The inspiration of this design comes from a kind of our chinese traditional implement lantern, it has a brand-new outline, which is totally different other traditional air conditioners, I gave it both common functions and decorative function.
Brand-new microelectronic chip technology and network technology let this air conditioner have new function out of the common, the camera and temperature sensing system in the bottom can observe the slight temperature changing indoor and to regulate temperature automatically.And the camera can catching splendid moment of life in time, and through the mutual data transfer of network can privide user a newly outdoor weather condition report.
The whole mechine mainly use of the semitransparent organic plastics, there are two light were built inside which can automatic change the different color light in order to found different atmosphere indoor. The different color give us different feelings, the blue light feels quiet and cool,the yellow light feels warm.
梦想“灯笼”
MY DREAMING AIR
随着科技发展和人类生活形态的进化，2010 年以后人们的生活节奏将不断加快，工作压力也会增加，人们在工作之余空闲的时间可能变得越来越少，时间也变得越来越珍贵。这就意味着家电的发展必然是朝向一条智能化、人性化的发展道路，产品的外形可以不是最酷最眩，但是必定是合理的舒适的，更符合人使用方式和心理感受的。而怎么样能够将冰冷的高科技融入人们的生活，我试图给与产品融入更多的文化意味和重视家电的装饰性
本设计的灵感来源于中国传统器具“灯笼”，从外形上颠覆了传统的壁挂式空调的外形，由原来的横挂式改成竖挂式，满足了使用功能的同时赋予了它全新的装饰功能。
全新的微电子芯片技术让这款空调有着与众不同的新功能，放置于底部的摄像头和感温系统可以及时的捕捉到室内的温度变化而自动加以调节温度和捕捉生活精彩瞬间的功能
机体的整体外型面板采用半透明的有机塑料，内置的两根灯管可以自动根据室内需要营造的氛围发出两种光，当空调处于制冷状态时发出蓝光，给人以清爽、宁静的感觉，当它处于供暖状态时，灯管发出淡黄色，给人温暖、温馨的感觉。
有机塑料
ORGANIC PLASTICS
彩灯
COLOR LIGHT
液晶显示屏
LBC SREEN
出风口
WIND WAY

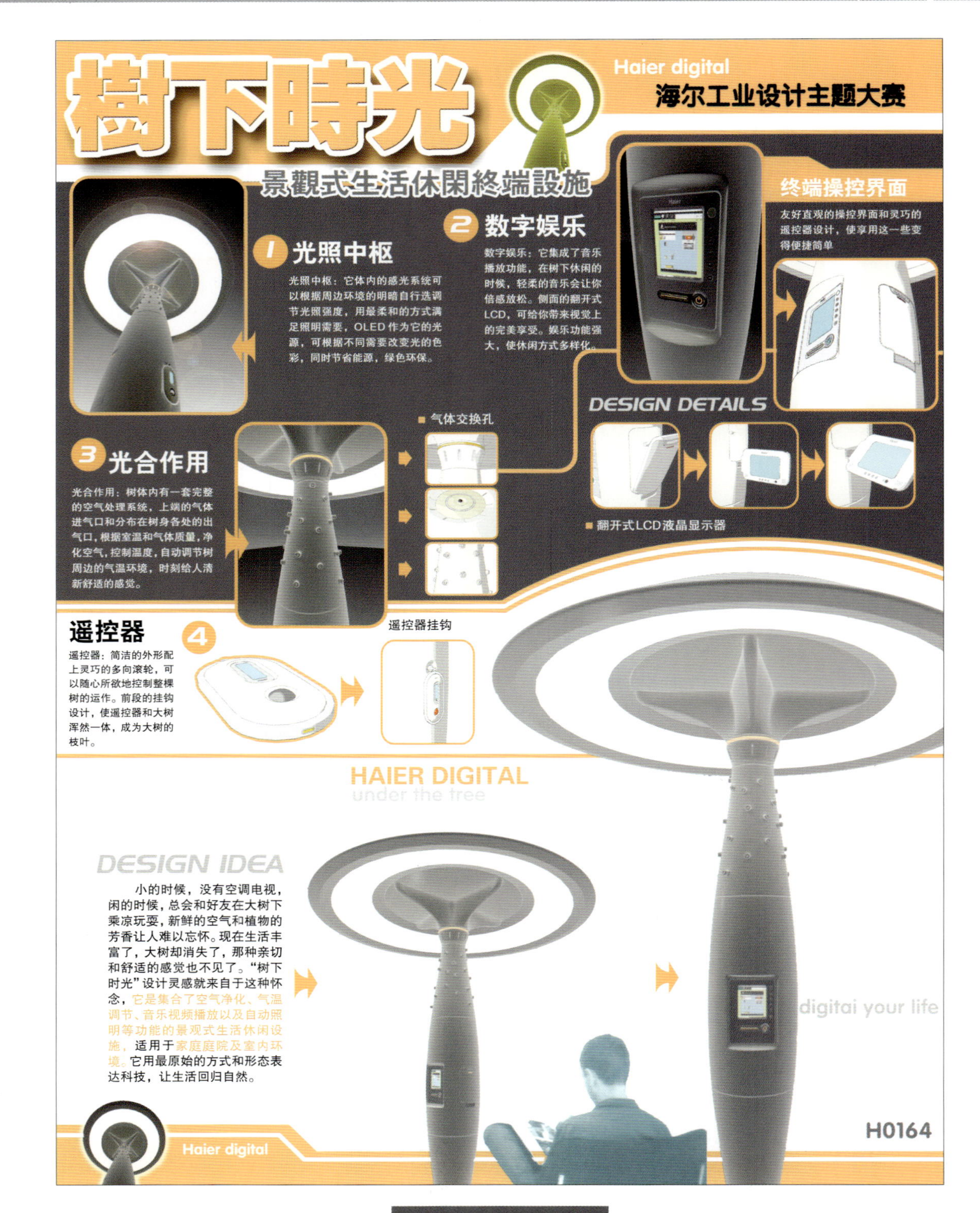
樹下時光
Haier digital
海尔工业设计主题大赛
景觀式生活休閑終端設施
1 光照中枢
光照中枢：它体内的感光系统可以根据周边环境的明暗自行选调节光照强度，用最柔和的方式满足照明需要，OLED作为它的光源，可根据不同需要改变光的色彩，同时节省能源，绿色环保。
2 数字娱乐
数字娱乐：它集成了音乐播放功能，在树下休闲的时候，轻柔的音乐会让你倍感放松。侧面的翻开式LCD，可给你带来视觉上的完美享受。娱乐功能强大，使休闲方式多样化。
终端操控界面
友好直观的操控界面和灵巧的遥控器设计，使享用这一些变得便捷简单
DESIGN DETAILS
气体交换孔
翻开式LCD液晶显示器
3 光合作用
光合作用：树体内有一套完整的空气处理系统，上端的气体进气口和分布在树身各处的出气口，根据室温和气体质量，净化空气，控制温度，自动调节树周边的气温环境，时刻给人清新舒适的感觉。
遥控器
4
遥控器：简洁的外形配上灵巧的多向滚轮，可以随心所欲地控制整棵树的运作。前段的挂钩设计，使遥控器和大树浑然一体，成为大树的枝叶。
遥控器挂钩
HAIER DIGITAL
under the tree
DESIGN IDEA
小的时候，没有空调电视，闲的时候，总会和好友在大树下乘凉玩耍，新鲜的空气和植物的芳香让人难以忘怀。现在生活丰富了，大树却消失了，那种亲切和舒适的感觉也不见了。“树下时光”设计灵感就来自于这种怀念，它是集合了空气净化、气温调节、音乐视频播放以及自动照明等功能的景观式生活休闲设施，适用于家庭庭院及室内环境。它用最原始的方式和形态表达科技，让生活回归自然。
digitai your life
Haier digital
H0164

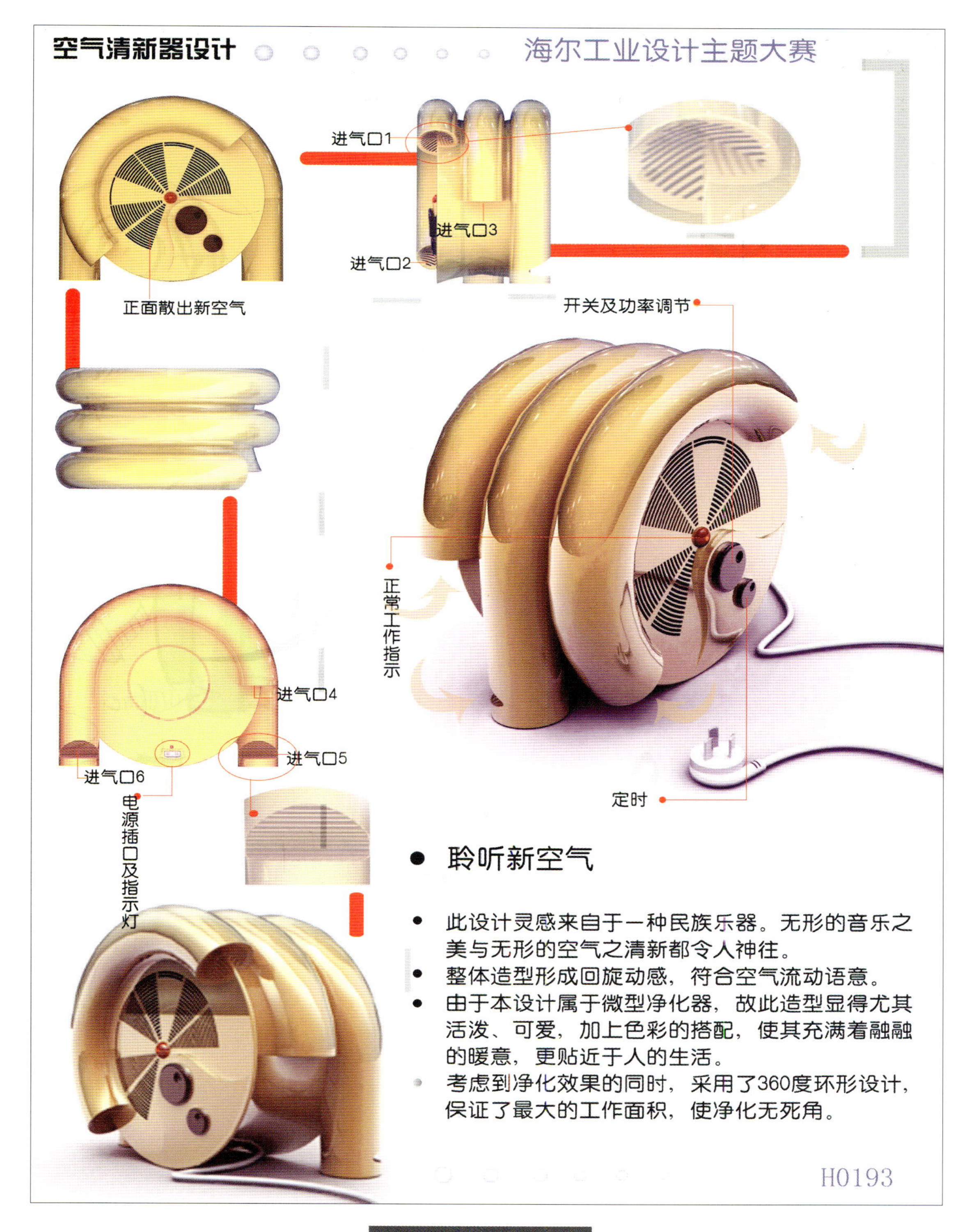

聆听新空气

- 此设计灵感来自于一种民族乐器。无形的音乐之美与无形的空气之清新都令人神往。
- 整体造型形成回旋动感，符合空气流动语意。
- 由于本设计属于微型净化器，故此造型显得尤其活泼、可爱，加上色彩的搭配，使其充满着融融的暖意，更贴近于人的生活。
- 考虑到净化效果的同时，采用了360度环形设计，保证了最大的工作面积，使净化无死角。

2004 CHINA INDUSTRIAL DESIGN WEEK
& WUXI INTERNATIONAL INDUSTRIAL DESIGN FESTIVAL
海尔杯工业设计
主题设计大赛
H-0222
HOME OF "FRUIT"
door
设计说明：这款手机的灵感来自一种果实，这个果实从萌芽到成熟，都一直美满的在一起，呼唤在科技更加发达、工作更加信息化的今天，应该怎样去解决未来的家庭沟通和交流成为人们关注的中心。而这个产品可以比较好的解决这个问题。他已经不只是一件只有使用价值的东西。同时也要具有人性关怀的特点，从而使家的感觉更加美好。
The inspiration for this design of cell phone is come from a common fructification what grow together creditably from germination to ripeness. With growing development of technique and information age coming, how to deal with the problem that communicate among society families in the future is becoming the concern by human. This work just about ravel out the problem in a good way. It is a valuable work. Moreover, the unique characteristics of human solicitude make user find nicety of family feeling.
在墙上
屏幕和摄像头可以360度旋转
莲子一家温馨自然美好
{集成充电器免除线的烦恼}
放在桌上

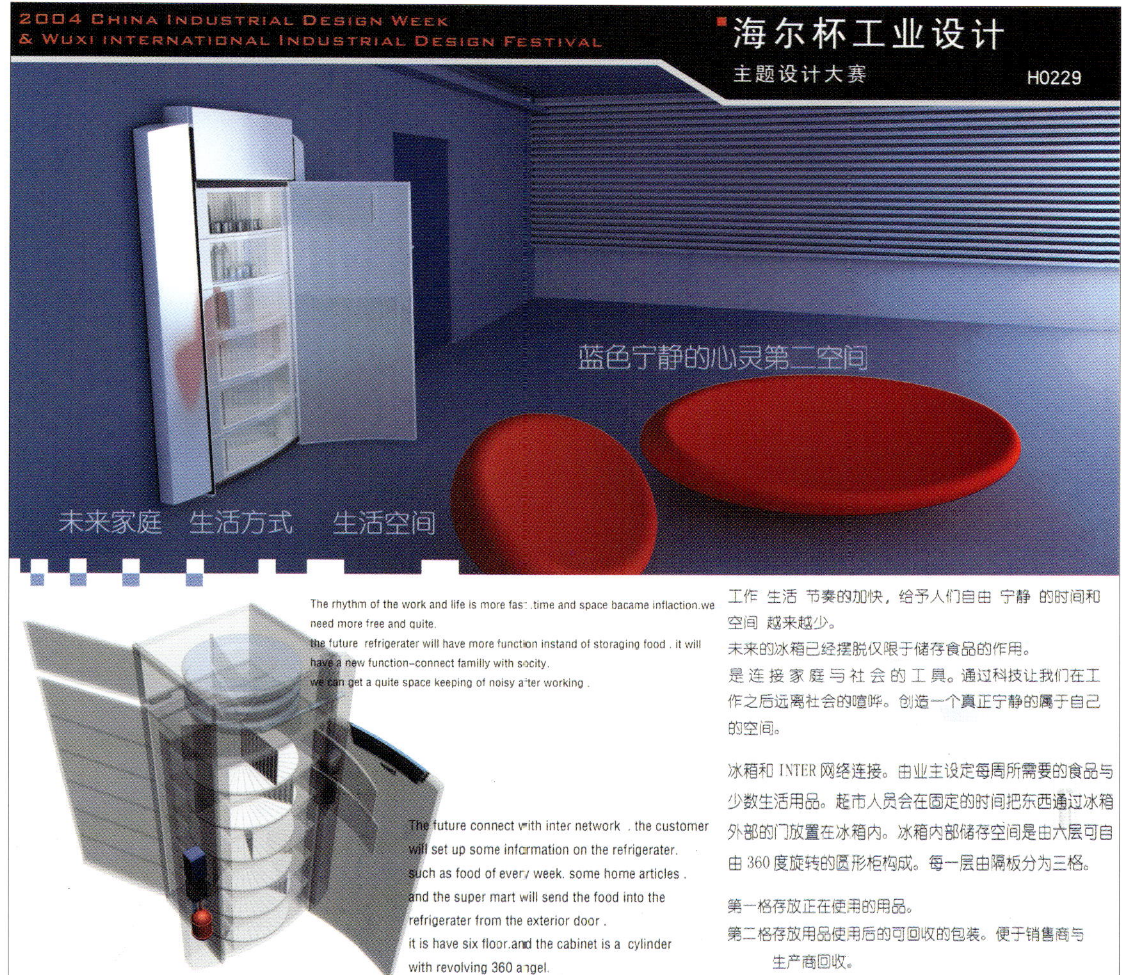
2004 CHINA INDUSTRIAL DESIGN WEEK
& WUXI INTERNATIONAL INDUSTRIAL DESIGN FESTIVAL
海尔杯工业设计
主题设计大赛
H0229
蓝色宁静的心灵第二空间
未来家庭　生活方式　生活空间
The rhythm of the work and life is more fast .time and space bacame inflaction.we need more free and quite.
the future refrigerater will have more function instand of storaging food . it will have a new function-connect familly with socity.
we can get a quite space keeping of noisy after working .
The future connect with inter network . the customer will set up some information on the refrigerater.
such as food of every week. some home articles .
and the super mart will send the food into the refrigerater from the exterior door .
it is have six floor.and the cabinet is a cylinder with revolving 360 angel.
a floor is separeteing for 3 floors by two planks.
工作 生活 节奏的加快，给予人们自由 宁静 的时间和空间 越来越少。
未来的冰箱已经摆脱仅限于储存食品的作用。
是连接家庭与社会的工具。通过科技让我们在工作之后远离社会的喧哗。创造一个真正宁静的属于自己的空间。
冰箱和 INTER 网络连接。由业主设定每周所需要的食品与少数生活用品。超市人员会在固定的时间把东西通过冰箱外部的门放置在冰箱内。冰箱内部储存空间是由六层可自由 360 度旋转的圆形柜构成。每一层由隔板分为三格。
第一格存放正在使用的用品。
第二格存放用品使用后的可回收的包装。便于销售商与生产商回收。
第三格用来存放超市人员新放入的生活用品。
Haier of international

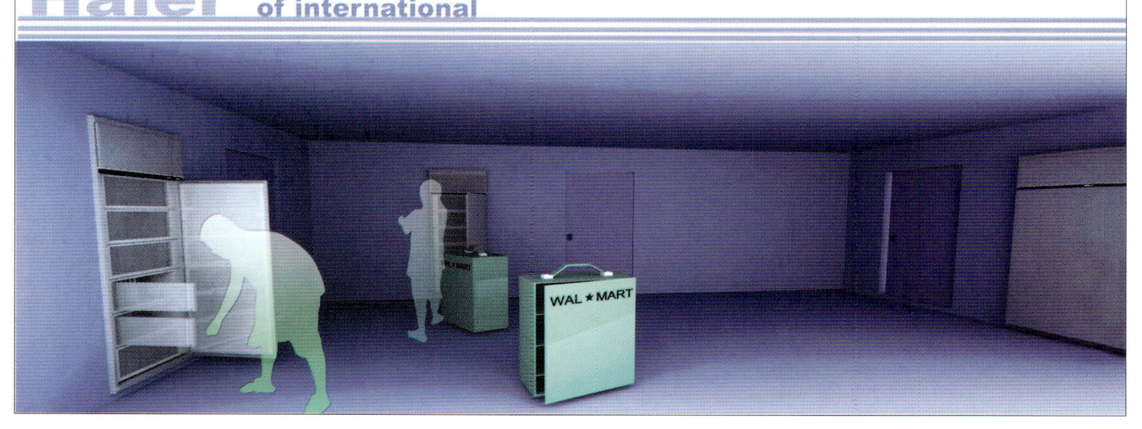
WAL★MART

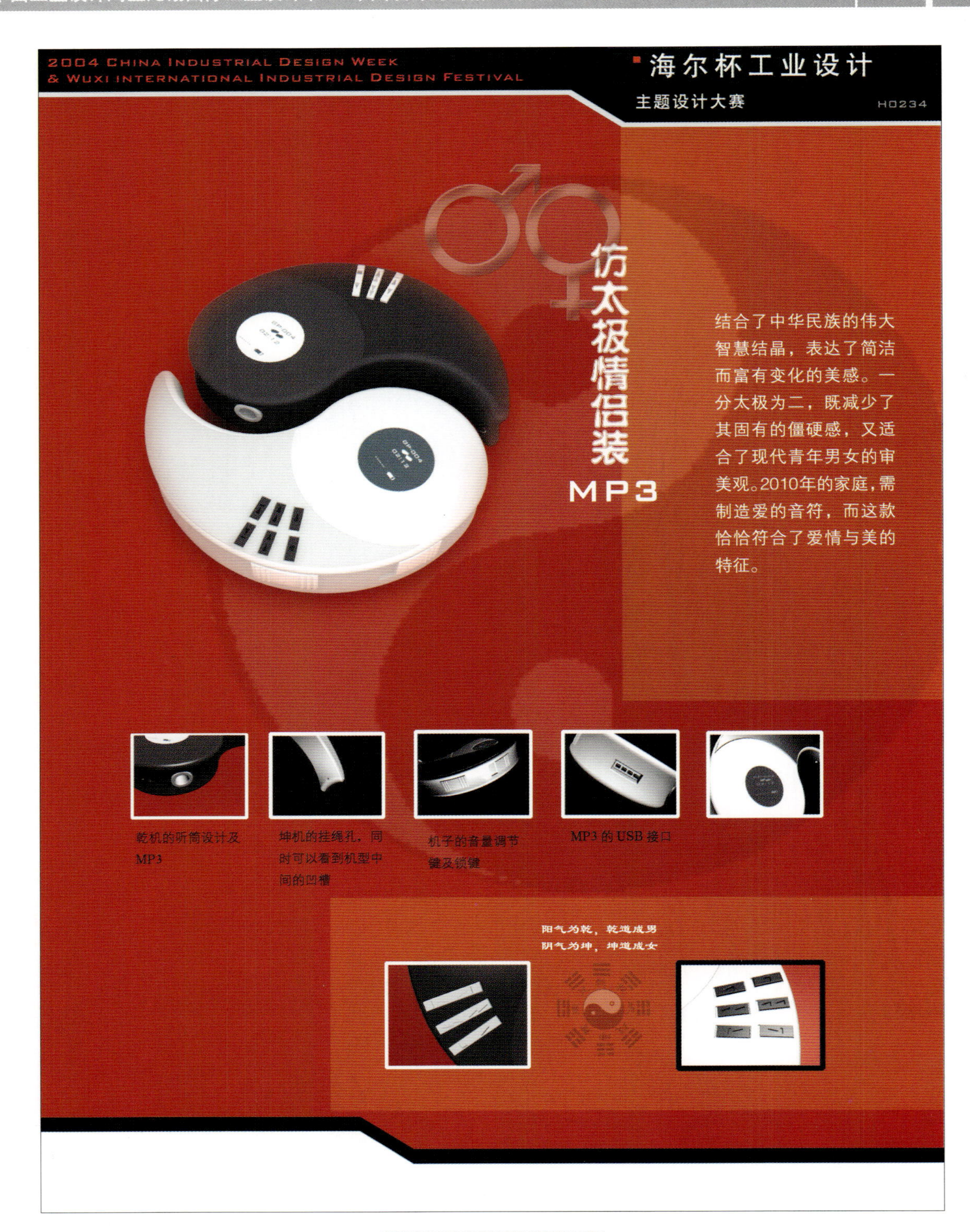
2004 CHINA INDUSTRIAL DESIGN WEEK
& WUXI INTERNATIONAL INDUSTRIAL DESIGN FESTIVAL
海尔杯工业设计
主题设计大赛
H0234
仿太极情侣装
MP3
结合了中华民族的伟大智慧结晶，表达了简洁而富有变化的美感。一分太极为二，既减少了其固有的僵硬感，又适合了现代青年男女的审美观。2010年的家庭，需制造爱的音符，而这款恰恰符合了爱情与美的特征。
乾机的听筒设计及MP3
坤机的挂绳孔，同时可以看到机型中间的凹槽
机子的音量调节键及锁键
MP3 的 USB 接口
阳气为乾，乾道成男
阴气为坤，坤道成女

H0241　**海尔杯工业设计主题大赛**

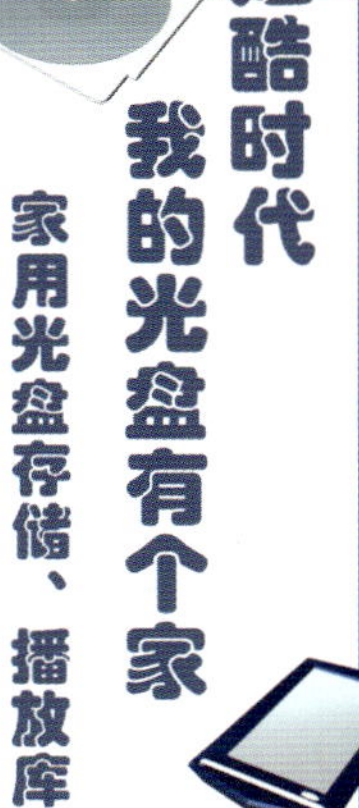

炫酷时代 我的光盘有个家

家用光盘存储、播放库

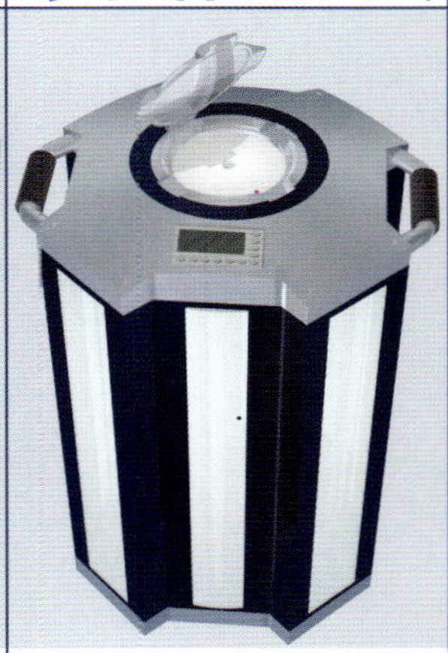

产品概念：本产品是一种重在光盘存储，同时集无线检索，自动存取，自动读碟，无线传输功能于一身的机电一体化产品。

设计概念：紧跟未来家庭数字消费的趋势，尤其注重年轻人的消费心理，设计力求机械与人性同在，精密与粗犷并存。

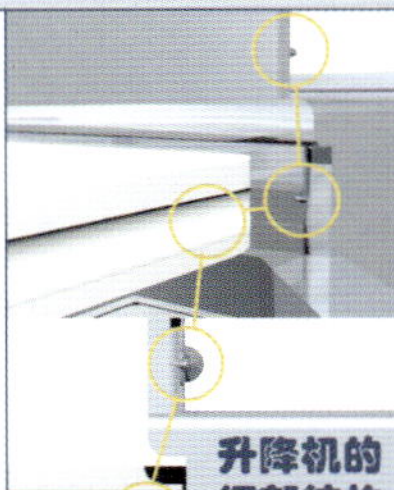

升降机的细部结构

四联装碟架，共四百个碟位。

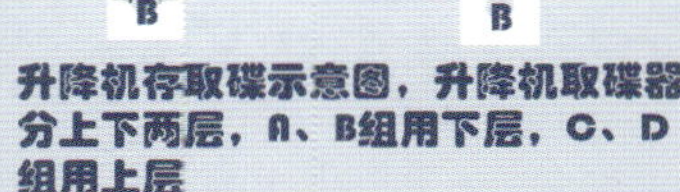

升降机存取碟示意图，升降机取碟器分上下两层，A、B组用下层，C、D组用上层

工作方式：使用者把光盘(CD、VCD、DVD）等放入读碟器，读碟器进行第一次读碟，并在自带的数字信息存储器中记忆光盘的基本信息，如光盘名称、属性、节目名、专集名及曲目名。并把这些信息以无线发射的方式，传送到使用者手中的摇控器中，摇控器就将这些信息记忆在自己的数据存储介质中，以备快速检索。当每次开机时，机器与摇控器都会自动进行信息交换，以便数据及时更新（之所以会出现摇控器数据滞后现象是因为我们允许机器脱离摇控器独立工作)。节目播放时，机器通过有线或无线的传输方式将数字信息发射给电视或音箱，在无线传输时，接收端需要一个无线接收器。如果使用者愿意，机器内的智能机构会自动为这张盘安排一个存放位置，并通过机器内的一台升降传输装置将这张盘存放到那个位置。再想读碟，使用者只要通过手中的遥控器检索并发出命令即可。升降传输装置会自动取出那张盘读取，读完后，使用者可命令其存回原位。使用者也可打开读碟器取出光盘。

产品特点：1.把光盘机电一体管理理念引入家电领域。

2.集无线传输与无线互动控制于一身。

3.在放入、存储、播放的过程中光盘始终正面向上放置，最大限度地保护光盘。

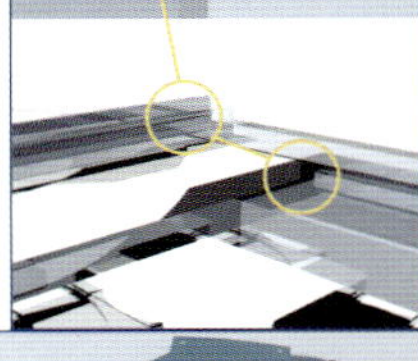

读碟器关闭和打开状态

打开的部分是激光头的所在部分

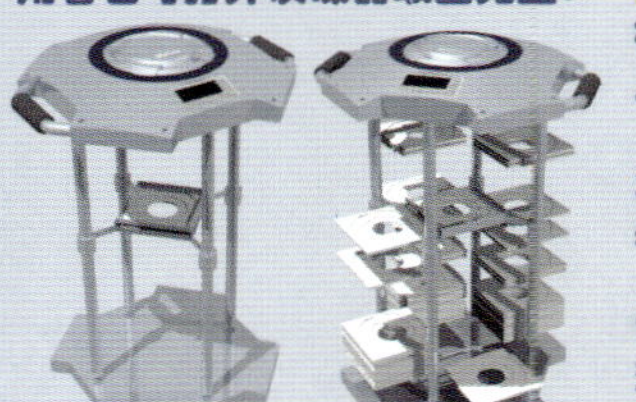

升降机和碟架

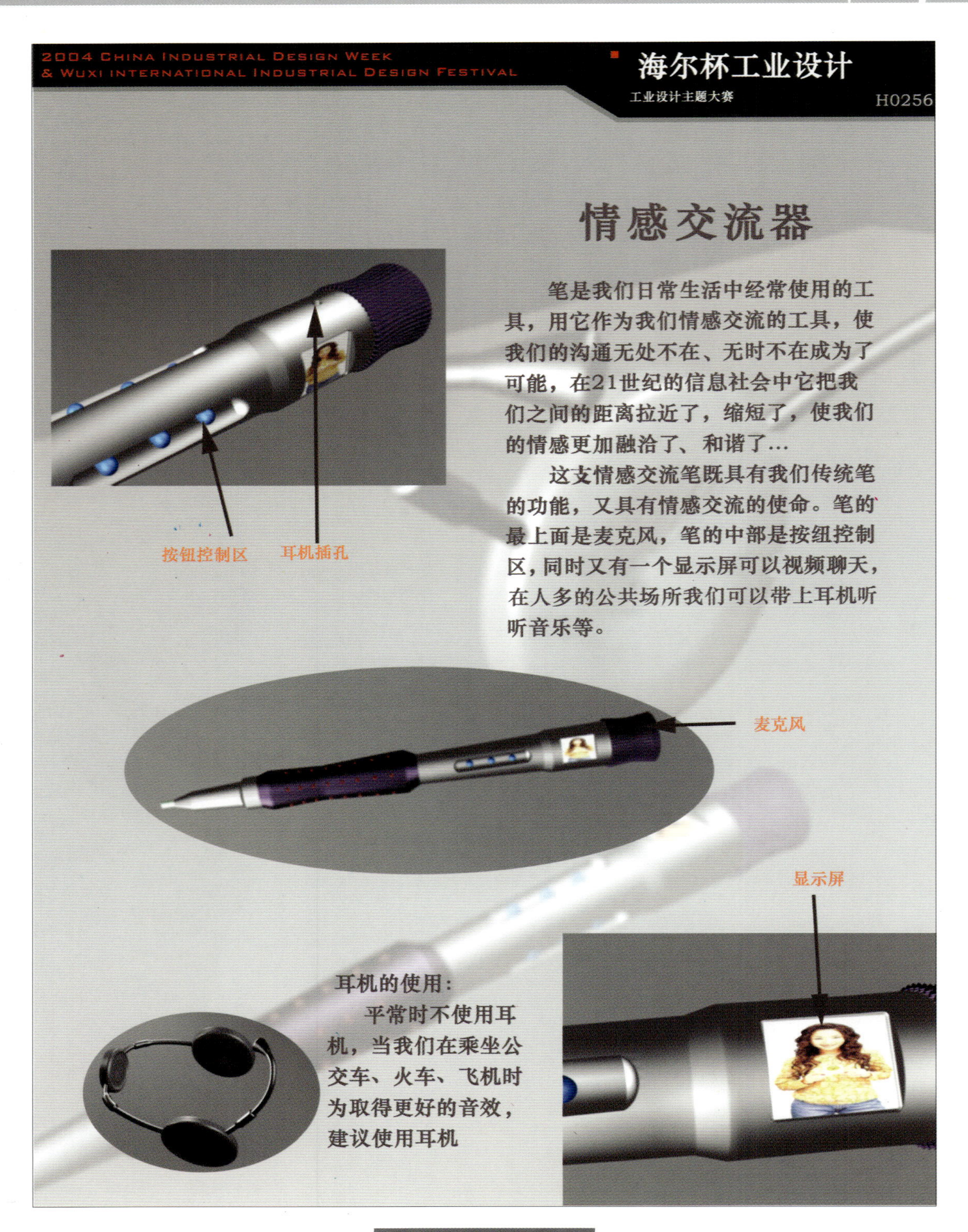
2004 China Industrial Design Week
& Wuxi International Industrial Design Festival
海尔杯工业设计
工业设计主题大赛
H0256
情感交流器
笔是我们日常生活中经常使用的工具，用它作为我们情感交流的工具，使我们的沟通无处不在、无时不在成为了可能，在21世纪的信息社会中它把我们之间的距离拉近了，缩短了，使我们的情感更加融洽了、和谐了…
这支情感交流笔既具有我们传统笔的功能，又具有情感交流的使命。笔的最上面是麦克风，笔的中部是按纽控制区，同时又有一个显示屏可以视频聊天，在人多的公共场所我们可以带上耳机听听音乐等。
按钮控制区
耳机插孔
麦克风
显示屏
耳机的使用：
平常时不使用耳机，当我们在乘坐公交车、火车、飞机时为取得更好的音效，建议使用耳机

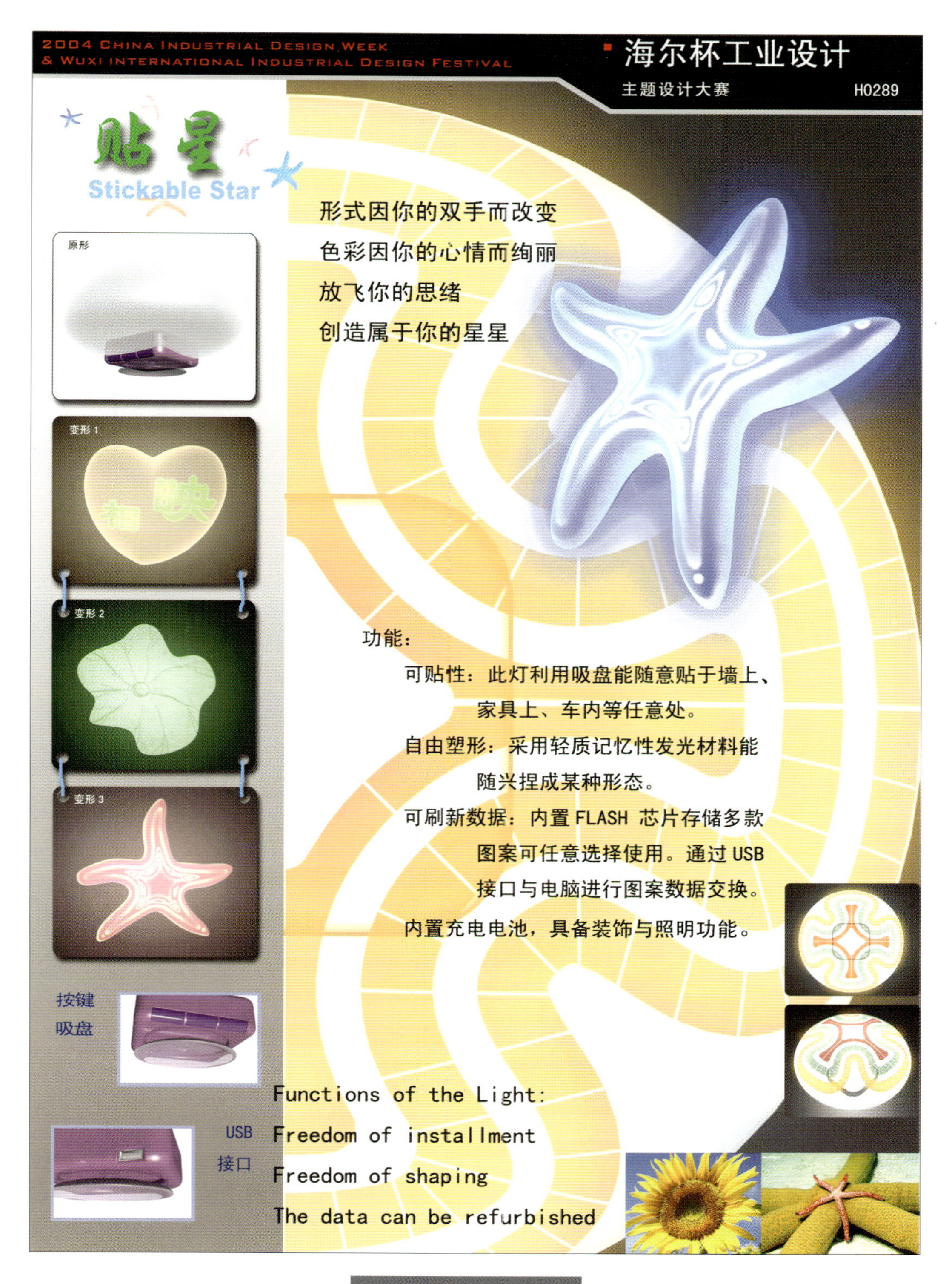
2004 CHINA INDUSTRIAL DESIGN WEEK
& WUXI INTERNATIONAL INDUSTRIAL DESIGN FESTIVAL
海尔杯工业设计
主题设计大赛
H0289
贴星
Stickable Star
原形
变形 1
变形 2
变形 3
按键
吸盘
USB
接口
形式因你的双手而改变
色彩因你的心情而绚丽
放飞你的思绪
创造属于你的星星
功能：
可贴性：此灯利用吸盘能随意贴于墙上、家具上、车内等任意处。
自由塑形：采用轻质记忆性发光材料能随兴捏成某种形态。
可刷新数据：内置 FLASH 芯片存储多款图案可任意选择使用。通过 USB 接口与电脑进行图案数据交换。
内置充电电池，具备装饰与照明功能。
Functions of the Light:
Freedom of installment
Freedom of shaping
The data can be refurbished

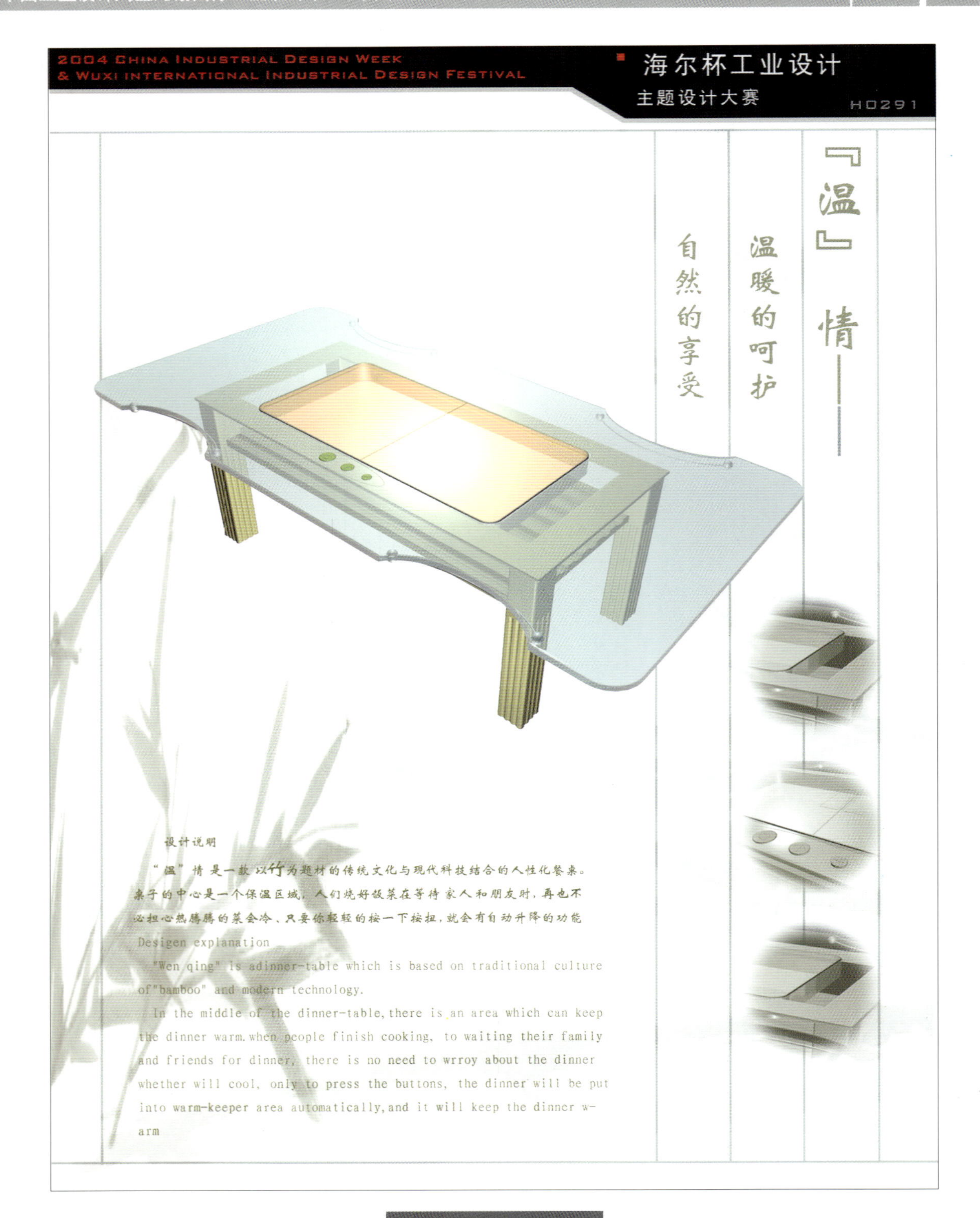
2004 CHINA INDUSTRIAL DESIGN WEEK
& WUXI INTERNATIONAL INDUSTRIAL DESIGN FESTIVAL
海尔杯工业设计
主题设计大赛
H0291
『温』情
温暖的呵护
自然的享受
设计说明
“温”情是一款以竹为题材的传统文化与现代科技结合的人性化餐桌。桌子的中心是一个保温区域，人们烧好饭菜在等待家人和朋友时，再也不必担心热腾腾的菜会冷、只要你轻轻的按一下按扭，就会有自动升降的功能
Desigen explanation
"Wen qing" is adinner-table which is based on traditional culture of"bamboo" and modern technology.
In the middle of the dinner-table, there is an area which can keep the dinner warm. when people finish cooking, to waiting their family and friends for dinner, there is no need to wrroy about the dinner whether will cool, only to press the buttons, the dinner will be put into warm-keeper area automatically, and it will keep the dinner w-arm

海尔杯工业设计主题大赛

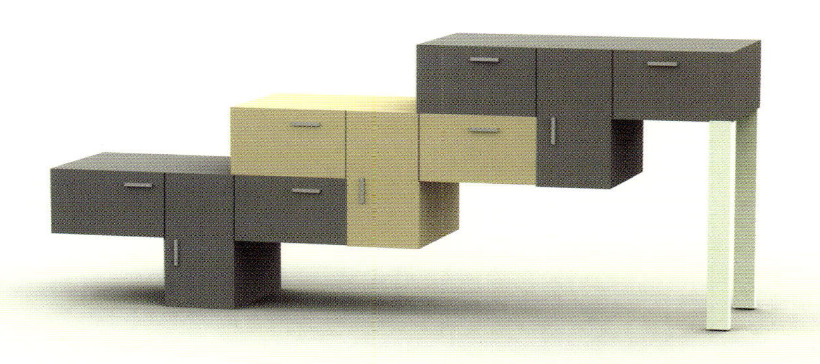

中文说明：

在未来生活里扮演一种简约、端庄、趣味，为生活增添视觉情趣的一款家庭组合套柜。用途：存放衣物，小号的日常生活用品。

English elucidation

Play a kind of simple style in future live , Dignified , interest , Can increase a combination cabinet of the interesting aspect for the life .

Use:Deposit the clothes, small scaled daily life thing

HO359 新型组合柜系列 A

海尔杯工业设计主题大赛

H0371

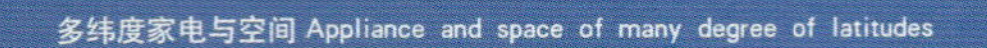

多纬度家电与空间 Appliance and space of many degree of latitudes

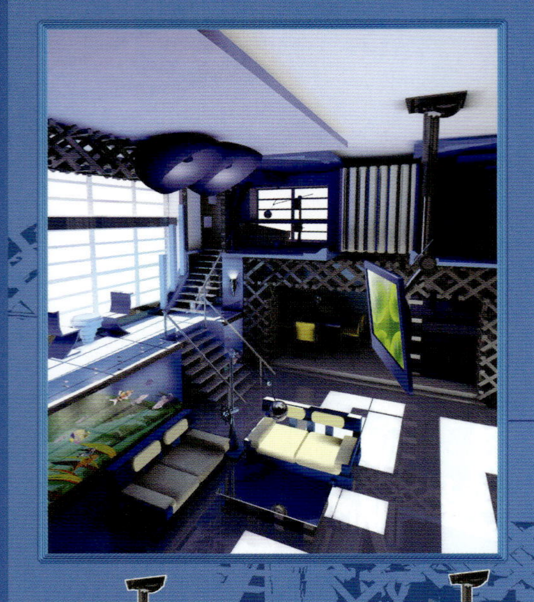

不在 乎高的空间，还是低的空间，我们都在一起舞蹈，享受自然 阳光 空气，追逐生活的气息。海的颜色 透明 清新，给了我无限的遐想。鱼的运动成了空间的主题。空间的主体采用蓝色，是来自海洋的颜色，而空间的钢梁结构来表现船的形态和现代工业赋予空间新的元素。渔缸的出现使原本机械的空间融入了自然的气息，渔缸中鱼的运动又使空间有无限的活力，使人产生久远的联想，仿佛置身于海的怀抱。

空间的中心是悬挂的等离子电视是来自于潜望镜灵感，她可以像潜望镜一样上 下 前 后 左 右 自由的移动，可以使人整个空间及单独空间都可以共享，就像鱼共享海一样。

多纬度的家电构成一个多纬度的空间。

Not concerned and high space, still the low space,we all and together dance, and enjoy the nature sunlight the air, and pursue the living breathing.

The LCD television hangs the center in space, she to come from the periscope inspiration, she can resemble the periscope is last before bottom behind the ambulation of the left and right freedom, can make whole space of person and alone the space can share, resemble the fish share the sea.

Many degree of latitude of the appliance constitute a many degree of latitude of space.

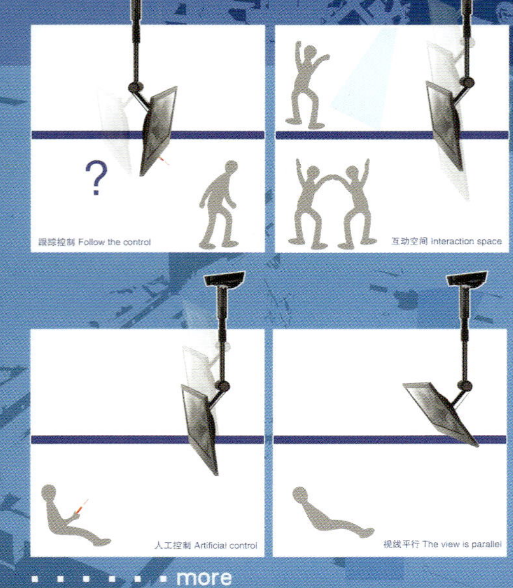

· · · · · · more

多纬度液晶电视

LCD television of many degree of latitude

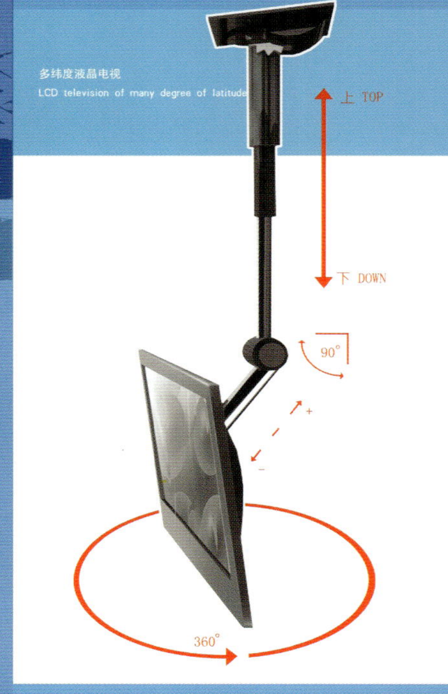

2004 China Industrial Design Week
& Wuxi International Industrial Design Festival

海尔未来家庭创想
主题设计大赛 H0390

未来家庭洗衣系统

THE FAMILY WASHING SYSTEMATICALLY IN THE FUTURE

"HOME FISH" 是一款多功能家庭洗衣设备，它突破了原有洗衣机单一的洗涤方式，一机具有两种洗涤方式（波轮式、涡沦式），独特的冷光屏液晶显示以及洗衣动画效果也是其亮点之一。

冷光屏在显示洗涤流程的同时还能播放动画。

按钮设计舒适，更具有人性化。

洗涤方式的转换只要轻轻一按。

● 示意图：波轮式转为涡沦式

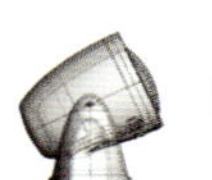
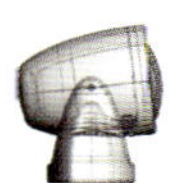

● 按键界面

洗衣机只需要一个按键就能完成工作，但作为家电，它与家庭的感情在哪呢?

当然，洗衣技术的进步是人们选择的真正关键，但是在技术同质化的今天，什么才是关键？把洗衣动画作为一个全新的概念加入进来，这对洗衣机本身将是一场革命。

● 洗衣动画角色设计

Mini Water boy Halo

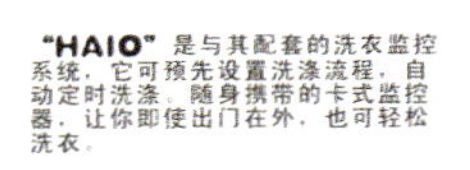

"HAIO" 是与其配套的洗衣监控系统，它可预先设置洗涤流程，自动定时洗涤。随身携带的卡式监控器，让你即使出门在外，也可轻松洗衣。

● 动画效果

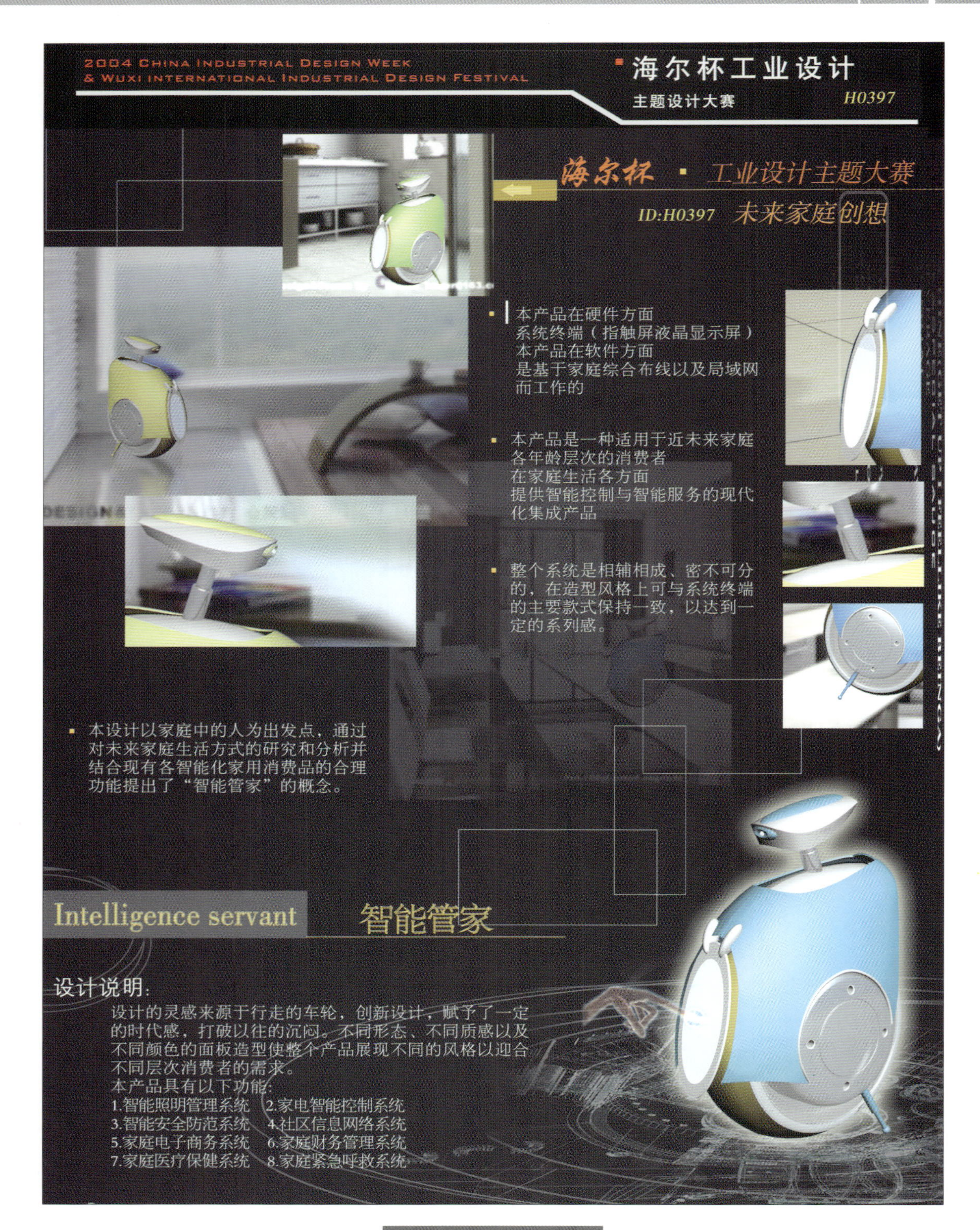
2004 China Industrial Design Week
& Wuxi International Industrial Design Festival
海尔杯工业设计
主题设计大赛
H0397
海尔杯 · 工业设计主题大赛
ID:H0397 未来家庭创想
本产品在硬件方面
系统终端（指触屏液晶显示屏）
本产品在软件方面
是基于家庭综合布线以及局域网
而工作的
本产品是一种适用于近未来家庭
各年龄层次的消费者
在家庭生活各方面
提供智能控制与智能服务的现代
化集成产品
整个系统是相辅相成、密不可分
的，在造型风格上可与系统终端
的主要款式保持一致，以达到一
定的系列感。
本设计以家庭中的人为出发点，通过
对未来家庭生活方式的研究和分析并
结合现有各智能化家用消费品的合理
功能提出了“智能管家”的概念。
Intelligence servant
智能管家
设计说明：
设计的灵感来源于行走的车轮，创新设计，赋予了一定
的时代感，打破以往的沉闷。不同形态、不同质感以及
不同颜色的面板造型使整个产品展现不同的风格以迎合
不同层次消费者的需求。
本产品具有以下功能：
1.智能照明管理系统 2.家电智能控制系统
3.智能安全防范系统 4.社区信息网络系统
5.家庭电子商务系统 6.家庭财务管理系统
7.家庭医疗保健系统 8.家庭紧急呼救系统

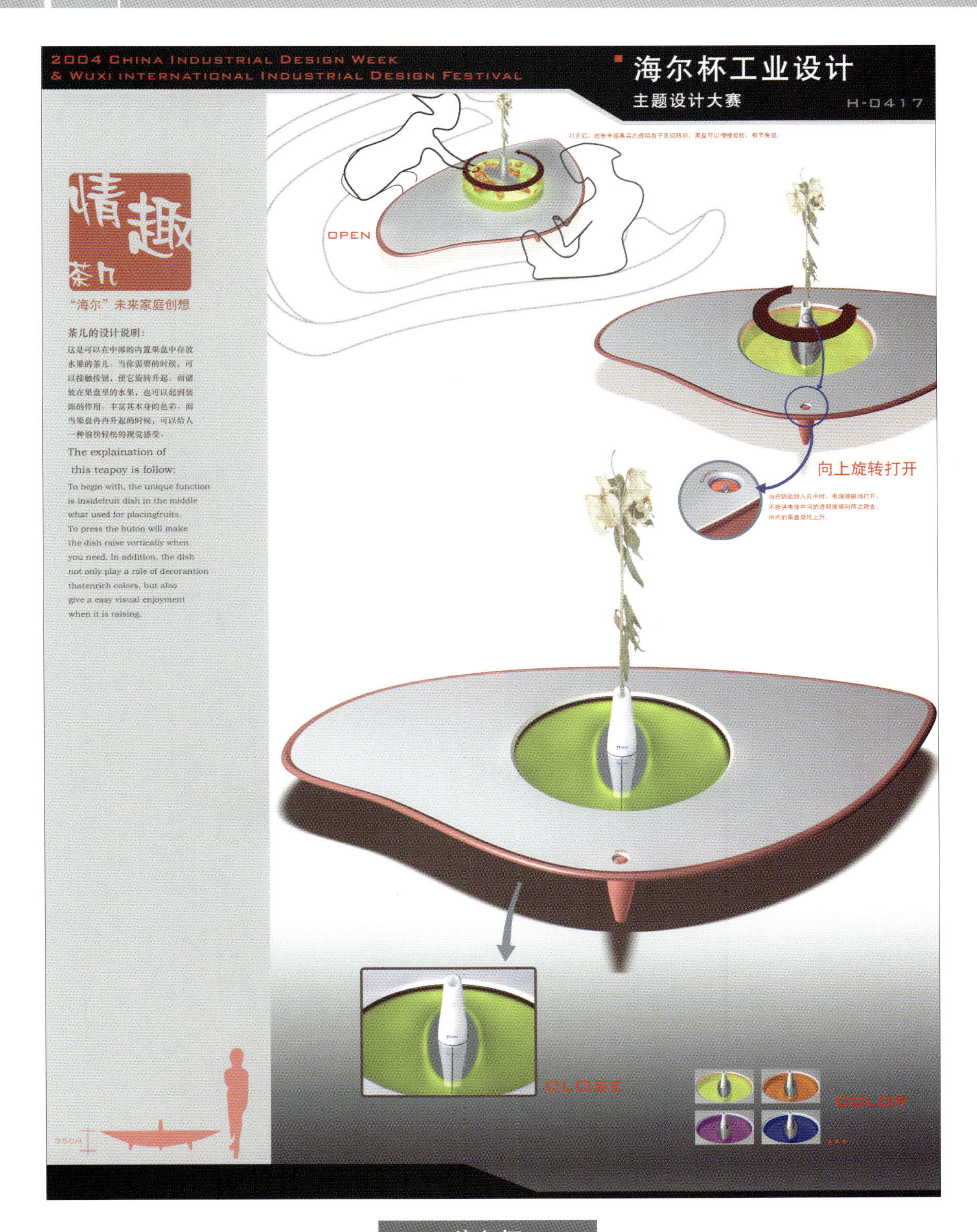
2004 CHINA INDUSTRIAL DESIGN WEEK
& WUXI INTERNATIONAL INDUSTRIAL DESIGN FESTIVAL
海尔杯工业设计
主题设计大赛
H-0417
情趣
茶几
“海尔”未来家庭创想
茶几的设计说明：
这是可以在中部的内置果盘中存放水果的茶几。当你需要的时候，可以接触按钮，使它旋转升起。而储放在果盘里的水果，也可以起到装饰的作用，丰富其本身的色彩。而当果盘冉冉升起的时候，可以给人一种愉快轻松的视觉感受。
The explaination of
this teapoy is follow:
To begin with, the unique function is insidefruit dish in the middle what used for placingfruits. To press the buton will make the dish raise vortically when you need. In addition, the dish not only play a role of decorantion thatenrich colors, but also give a easy visual enjoyment when it is raising.
打开后，放着丰盛果实的透明盘子呈现眼前，果盘可以慢慢旋转，有节奏感。
OPEN
向上旋转打开
当把钥匙放入孔中时，电源随磁场打开，
不断供电使中间的透明玻璃向两边隐去，
中间的果盘旋转上升。
CLOSE
COLOR
35CM

海尔杯

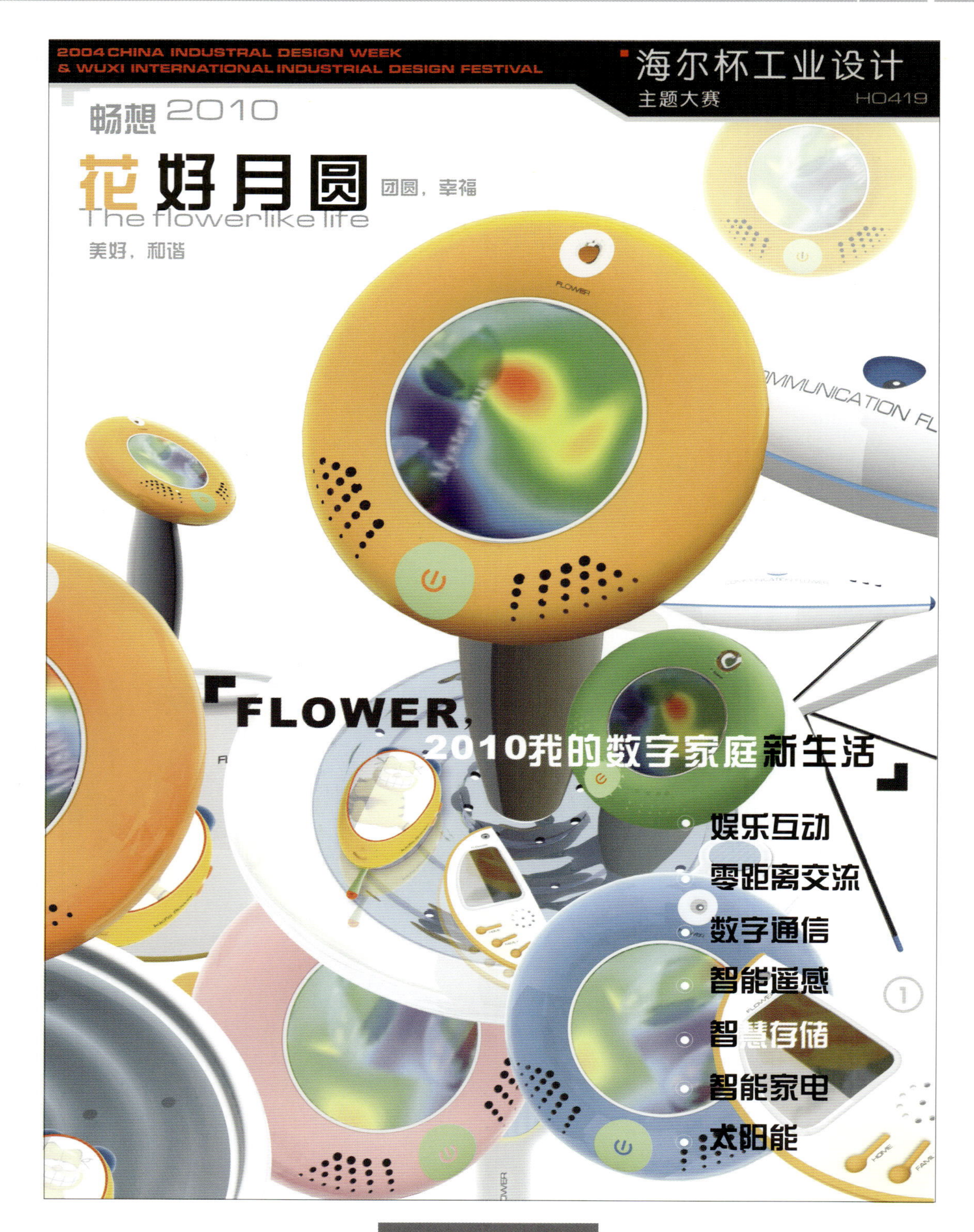
2004 CHINA INDUSTRAL DESIGN WEEK
& WUXI INTERNATIONAL INDUSTRIAL DESIGN FESTIVAL
海尔杯工业设计
主题大赛
H0419
畅想 2010
花好月圆
团圆，幸福
The flowerlike life
美好，和谐
FLOWER
COMMUNICATION FL
「FLOWER，
2010我的数字家庭新生活」
娱乐互动
零距离交流
数字通信
智能遥感
智慧存储
智能家电
太阳能
1

2004 CHINA INDUSTRIAL DESIGN WEEK
& WUXI INTERNATIONAL INDUSTRIAL DESIGN FESTIVAL

■ 海尔杯
主题设计大赛　H0467

乐行者
The joy of travel

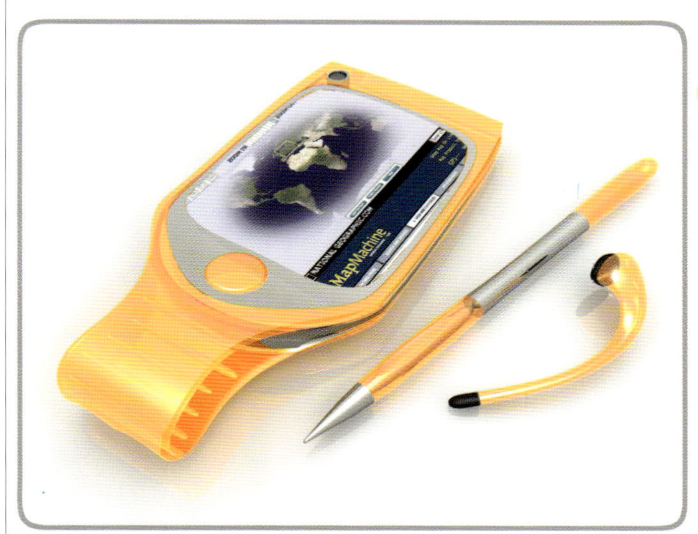

意匠说明

乐行者为未来电子导游，通过蓝牙耳塞声控交流及输入笔触摸屏的交流方式，实现人机交流。它为旅行者提供咨询搜集、信息存储和简单分析的三大基本功能。无线接入网络，旅行者可获取所需的天气、食宿、交通资讯及所经过城市的历史文化及自然风光的信息；内部的智能系统，在旅行者出现困难或者紧急情况时作出辅助性的分析，并发出求救信号，指示紧急逃生路线。在旅行者身体不适时，获取生理信息，提供简单的治疗措施。存储的功能方便旅行者记录旅途中的影像、图片、文字，通过网络即时与家人朋友分享。GPS装置及对讲功能使旅行者不会再为迷路或与同伴走失感到遗憾。

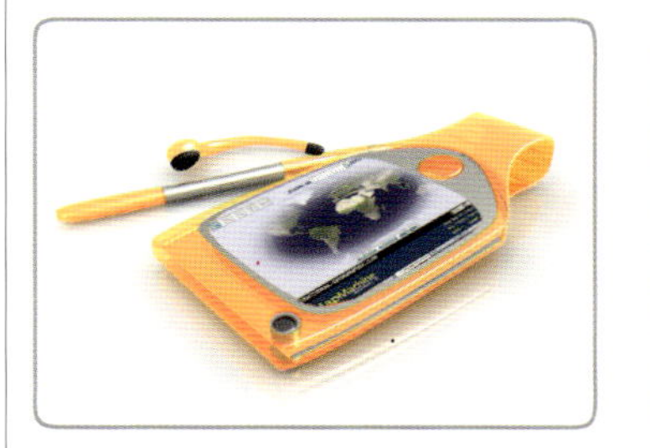

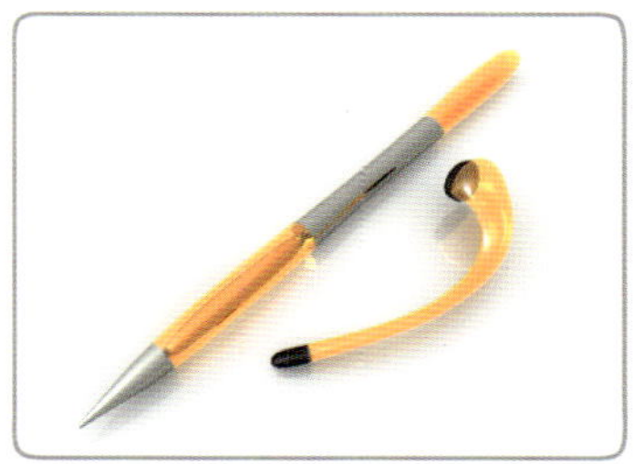

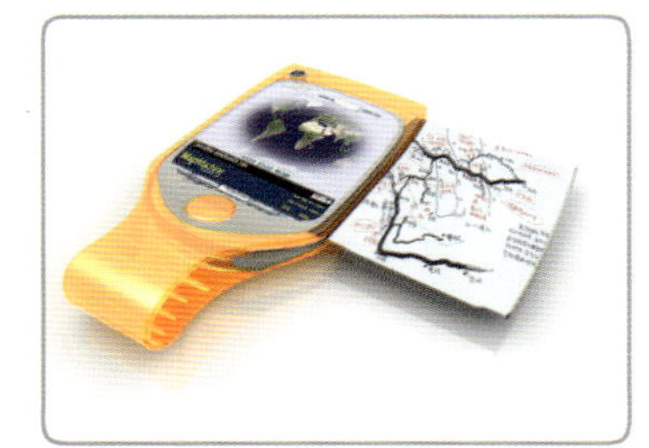

模式说明

Haier
海尔杯工业设计主题大赛
details
在结构的设计上，借鉴了魔方，用旋转钮的形式代替了按钮，这使得外形更简洁。还有就是隐藏的喇叭和麦克风的设计，上下两模块间可拉可旋，使形态更有变化，又能满足功能的需要。
Power button
Speaker
Microphone
DREAM WORD BOX
呓语魔方
Recording ......
control
设计说明：
设计以人为本的宗旨在未来的家用产品中应得到充分的体现。而人精神层面的需要在未来的设计中必将成为重要的考虑因素。借助于先进的科技，人们有能力去探索比外界更为复杂的内心世界。
基于此，我设计了这款梦呓记录器，它大致可分为以下几部分：机壳、CPU、开关、选择器、麦克风、喇叭及LCD屏。其主要功能实际上是记录梦话并做一定的分析，并有时钟功能。特别适合那些爱说梦话者使用，使好奇心得到极大的满足，所以从这个角度来看，它又是件很有趣味的小产品。
H0469

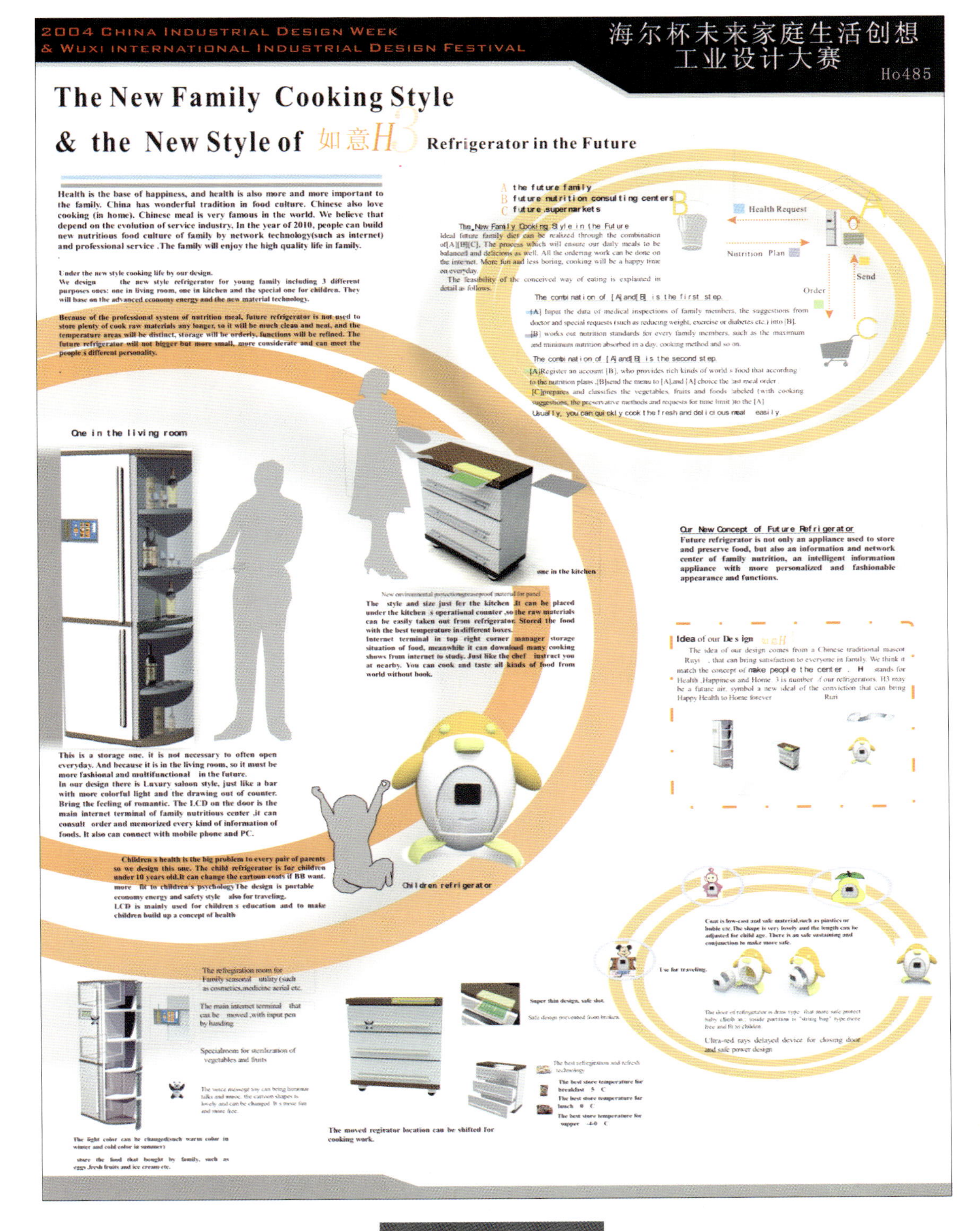
2004 China Industrial Design Week
& Wuxi International Industrial Design Festival
海尔杯未来家庭生活创想
工业设计大赛
Ho485
The New Family Cooking Style
& the New Style of 如意H3 Refrigerator in the Future
Health is the base of happiness, and health is also more and more important to the family. China has wonderful tradition in food culture. Chinese also love cooking (in home). Chinese meal is very famous in the world. We believe that depend on the evolution of service industry, In the year of 2010, people can build new nutritious food culture of family by network technology(such as internet) and professional service .The family will enjoy the high quality life in family.
Under the new style cooking life by our design.
We design the new style refrigerator for young family including 3 different purposes ones: one in living room, one in kitchen and the special one for children. They will base on the advanced economy energy and the new material technology.
Because of the professional system of nutrition meal, future refrigerator is not used to store plenty of cook raw materials any longer, so it will be much clean and neat, and the temperature areas will be distinct, storage will be orderly, functions will be refined. The future refrigerator will not bigger but more small, more considerate and can meet the people s different personality.
A the future family
B future nutrition consulting centers
C future supermarkets
The New Family Cooking Style in the Future
Health Request
Nutrition Plan
Send
Order
The combination of [A]and[B] is the first step.
The combination of [A]and[B] is the second step.
Usually, you can quickly cook the fresh and delicious meal easily
One in the living room
one in the kitchen
New environmental protectiongreaseproof material for panel
The style and size just for the kitchen .It can be placed under the kitchen s operational counter ,so the raw materials can be easily taken out from refrigerator. Stored the food with the best temperature in different boxes.
Internet terminal in top right corner manager storage situation of food, meanwhile it can download many cooking shows from internet to study. Just like the chef instruct you at nearby. You can cook and taste all kinds of food from world without book.
Our New Concept of Future Refrigerator
Future refrigerator is not only an appliance used to store and preserve food, but also an information and network center of family nutrition, an intelligent information appliance with more personalized and fashionable appearance and functions.
Idea of our Design
The idea of our design comes from a Chinese traditional mascot Ruyi , that can bring satisfaction to everyone in family. We think it match the concept of make people the center . H stands for Health ,Happiness and Home. 3 is number of our refrigerators. H3 may be a future air, symbol a new ideal of the conviction that can bring Happy Health to Home forever
This is a storage one. it is not necessary to often open everyday. And because it is in the living room, so it must be more fashional and multifunctional in the future.
In our design there is Luxury saloon style, just like a bar with more colorful light and the drawing out of counter. Bring the feeling of romantic. The LCD on the door is the main internet terminal of family nutritious center ,it can consult order and memorized every kind of information of foods. It also can connect with mobile phone and PC.
Children s health is the big problem to every pair of parents so we design this one. The child refrigerator is for children under 10 years old.It can change the cartoon coats if BB want. more fit to children s psychology The design is portable economy energy and safety style also for traveling.
LCD is mainly used for children s education and to make children build up a concept of health
Children refrigerator
Coat is low-cost and safe material,such as plastics or buble etc. The shape is very lovely and the length can be adjusted for child age. There is an safe sustaining and conjunction to make more safe.
Use for traveling.
Ultra-red rays delayed device for closing door and safe power design
The refregiration room for Family seasonal utility (such as cosmetics,medicine aerial etc.
The main internet terminal that can be moved ,with input pen by handing
Specialroom for sterilization of vegetables and fruits
The light color can be changed(such warm color in winter and cold color in summer)
store the food that bought by family, such as eggs ,fresh fruits and ice cream etc.
Super thin design, safe slot.
The best store temperature for breakfast 5 C
The best store temperature for lunch 0 C
The best store temperature for supper -4-0 C
The moved regirator location can be shifted for cooking work.

F. F. assistant
家庭养花助理
海尔“未来家庭创想”
H0495
花盆周边打上气孔利于泥土吸收氧气
单独内胆盛泥土方便清洁处理
根据不同植物输入其需要的各种适生条件数据
也可通过网络下载不同植物的不同需要信息
储存在液箱里的营养液通过底盘上渗到泥土
控制基地通过底盘把温度传输到花盆
由花盆边口上的气孔散出调节植物所需的适宜温度
人们越来越重视我们的生活空间和生活情调,
盆栽不仅美化空间、净化空气,
更是人们对家——对这个空间情感上的寄托.
但是繁忙的生活节奏,养花的结果总让人失望……
我们寻找一个这样的帮手,
它帮繁忙的人们料理他们对这个空间托付的情感……

海尔杯工业设计主题大赛
餐桌的
数字化革命
The digital revolution of dining table
The era of digital home is coming.While we are enjoying the digital TV.what changes will appear on our dining table?
The center place is little lower than edges of table. There is a bin under the center place for collect the liquid and rubbish.
The clever dining table can know where are the bowls and plates automatically, and then the heating system inside the table will keep the temperature of food. A mother may prepare the food for her children before going out.Moreover,the displayof table will remind the children to have dinner on time.
Convenient 方便
We use the dining table every day for dinner,party,chatting and so on.The digital dining table connect with other home appliances.We can do lots of things,such as operate a microwave for cooking the delicious chicken through the display.We can check everyting without leaving the dining table.
Share
分享
The digital table can download some programs about how to cooking the delicious food from internet. Through the display,we can learn and practice the cooking skills and share with other people of family.
Network
互联
Through the download menu,frige will understand what materials shouldprepare and then will e-mail to supermarket.The supermarket will deliver all goods to your house without tired shopping.
SUPER MARKET
Entertainment 休闲
The dining table is an entertainment center.During breakfast,we listen to the news which have already booked by ourselves and also we can choose the favourite TV program during the dinner.
H0507

聆韵——聋哑人无障碍沟通系列产品

海尔杯工业设计主题大赛
家庭生活方式构想——沟通

H0511

聆讯 —— 聋哑人手机
DEEF－MUTE MOBIL

聆息 —— 聋哑人电话翻译及电子留言器
ELECTRONIC INTERPRETER & MESSAGE BOOK

聆欣 —— 聋哑人视频音频欣赏转换感受器
DEEF－MUTE VIDEO & AUDIO MEDIA

产品系列组合效果图

“聆韵”聋哑人无障碍沟通系列产品，是专门为聋哑人的日常交流和沟通而设计的电子产品。它包括“聆讯”聋哑人手机；“聆息”聋哑人电话翻译及电子留言器；“聆欣”聋哑人视频音频欣赏转换感受器三款单品。

每件产品上都有此抽象的耳朵形状，代表聆听的语义，同时也是该产品品牌形象的体现。

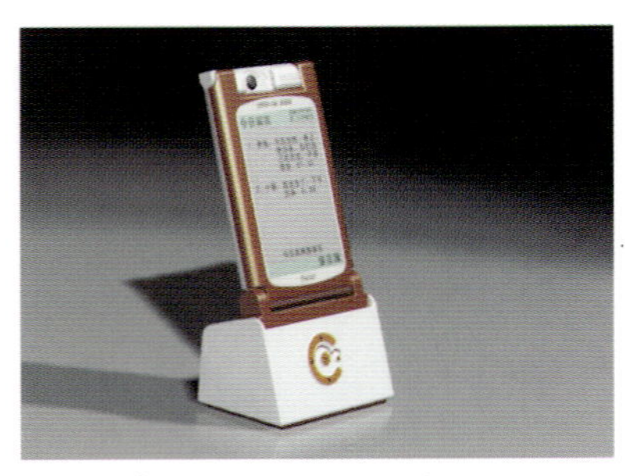

聆息——聋哑人电话翻译及电子留言器

聆讯——聋哑人手机

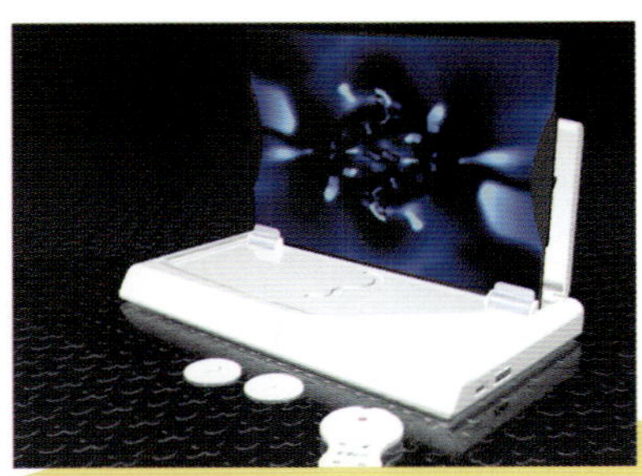

聆欣——聋哑人视频音频欣赏转换感受器

“聆讯”帮助聋哑人实现无线沟通和与正常人交流。“聆息”是一个小型的电子留言簿，聋哑人能够通过打手语或电子笔记的方式给家人留言，方便在家庭中的聋哑人和其他家庭成员交流。“聆欣”能够把电视和广播中的语言翻译成文字或手语，并显示在屏幕上，方便聋哑人接收媒体信息。“聆欣”同时也能够把音乐通过视频显示、散发香味和有规律的振动间接地表现出来，使听不到声音的聋哑人以通感的方式感受音乐。“聆讯”和“聆息”还具有一个共同的功能，就是可以通过底座与家中的家用电话连接，把语音信号和文字及图像进行互译，使聋哑人也能打电话。

.1.

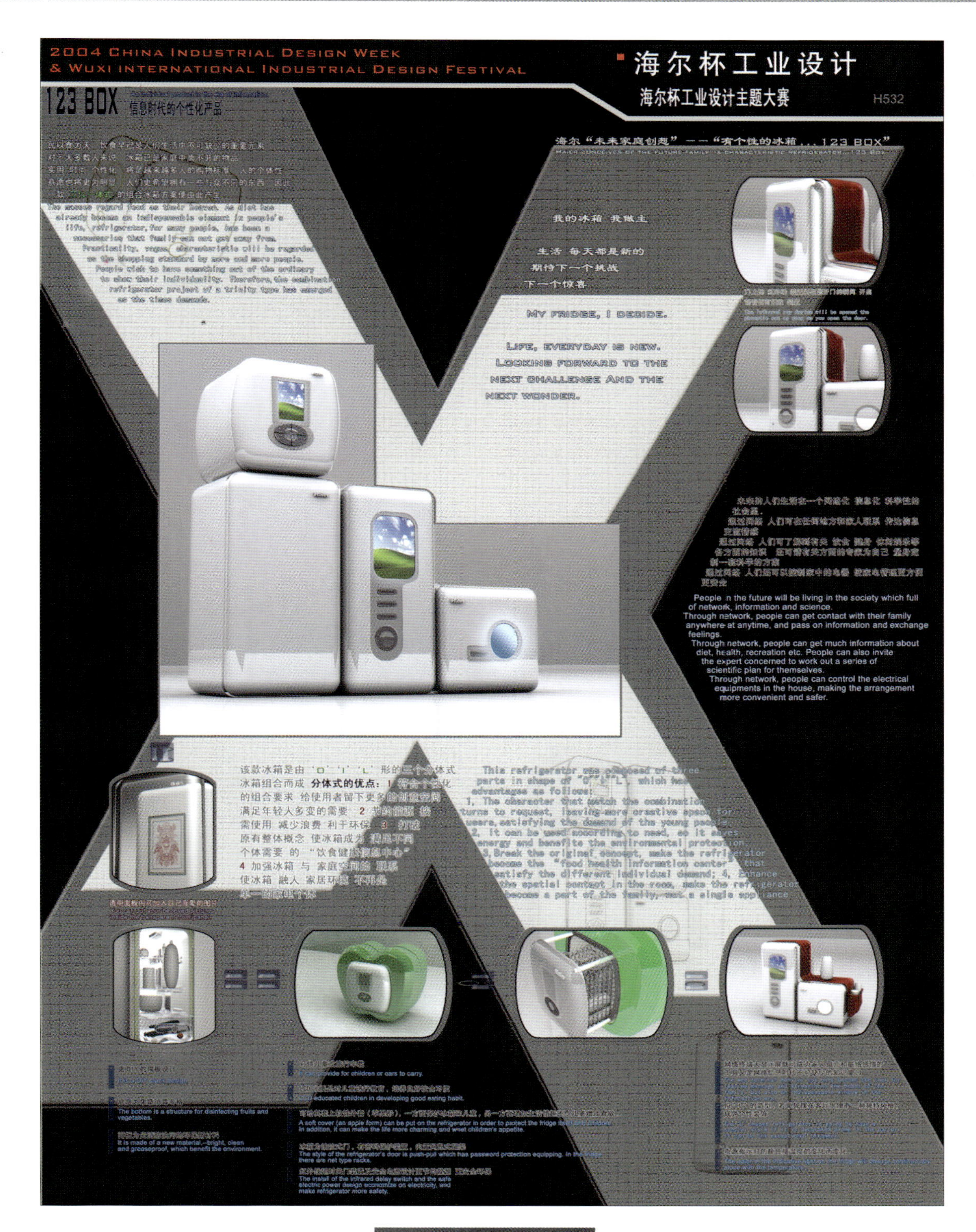
2004 China Industrial Design Week
& Wuxi International Industrial Design Festival
海尔杯工业设计
海尔杯工业设计主题大赛
H532
123 BOX
信息时代的个性化产品
海尔“未来家庭创想”——“有个性的冰箱...123 BOX”
我的冰箱 我做主
生活 每天都是新的
期待下一个挑战
下一个惊喜
My fridge, I decide.
Life, everyday is new. Looking forward to the next challenge and the next wonder.
People in the future will be living in the society which full of network, information and science.
Through network, people can get contact with their family anywhere at anytime, and pass on information and exchange feelings.
Through network, people can get much information about diet, health, recreation etc. People can also invite the expert concerned to work out a series of scientific plan for themselves.
Through network, people can control the electrical equipments in the house, making the arrangement more convenient and safer.

2004 CHINA INDUSTRIAL DESIGN WEEK
& WUXI INTERNATIONAL INDUSTRIAL DESIGN FESTIVAL

海尔杯工业设计主题大赛
H0538

生活环境管家

ENVIRONMENT CONTROL CENTER

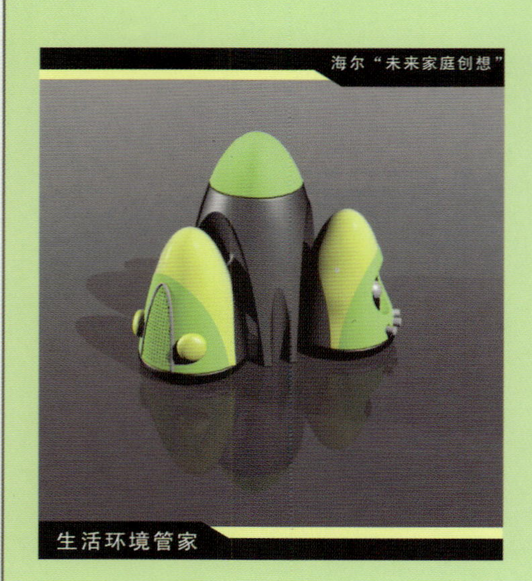

家庭生活管家：
随着生活水平的提高，人们越来越追求生活质量，环境问题越来越受人们重视。
由此我产生了设计一个对居家生活环境进行监控的设备的想法。
我设计的生活环境管家通过一个控制部分与其他家用电器的互动来达到控制室内环境的目的。
它由三个部分组成。
分别是对于光线、空气、声音的监测与控制。
光线部分白天控制窗户的颜色与色深度，达到控制室内光线的目的。
夜晚通过控制室内灯光来调节整体光线环境。
可以营造出各种条件下的光线环境，睡前的光线环境、学习工作的光线环境等等。
空气部分控制室内的温度、湿度。为人们的生活营造一个舒适的大气环境。
同时还能够对空气进行净化和放出芬芳的气味，让人仿佛置身大自然之中。
气味对于舒解压力、减缓疲劳很有帮助。
声音部分可以播放一些轻音乐，也能模仿大自然的声音，风声、水声，鸟语花香，
与前两者结合，共同营造舒适的、自然的、适合人们生活的环境。

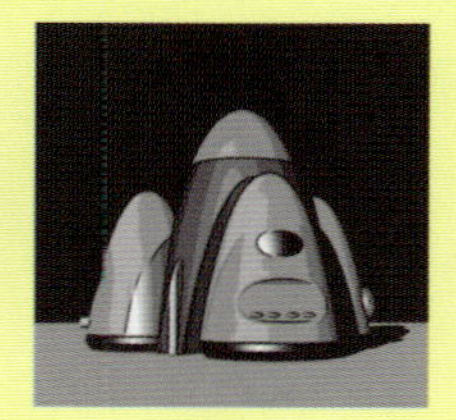
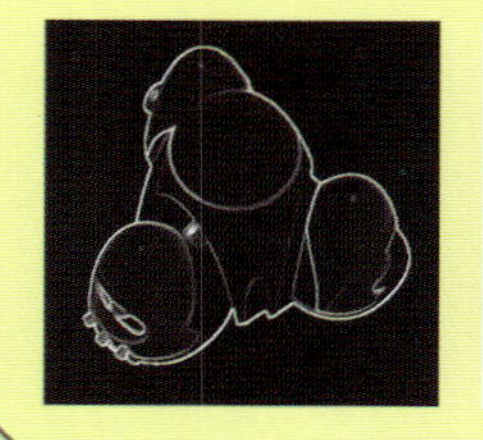
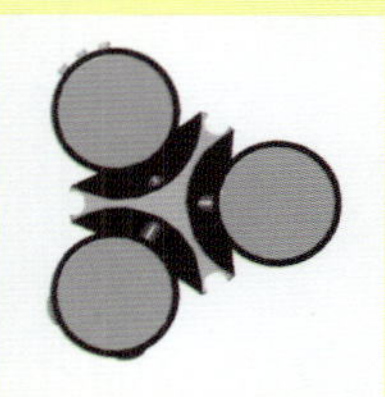

ENVIRONMENT
CONTROL CENTER

居住环境调节系统

SNUGGERY

在未来人们需要舒适的居住环境

- 湿度控制
- 消除异味
- 检测粉尘含量
- 监测有害气体
- 从网络上下载各种香味
- 调节空气中各种气体含量
- 煤气泄漏或火灾等原因散发出大量有害气体时发出警报

带有不同编号的子机——“蘑菇”被放置在不同的房间，互联网的新功能——传播气味，被运用在子机上，可以通过网络下载各种气味，通过“蘑菇”散发到房间的空气里。子机还具有监测功能，能读取周围环境的各种信息，将各房间中的环境状况反馈到主机上。

中央控制台——“树”与互联网连接，可预报查询室外天气和环境状况，监控各个子机，主机和子机同时具备控制湿度和过滤气体等的功能。能自动调节空气中各种气体含量，达到有利于人体的最佳状态。

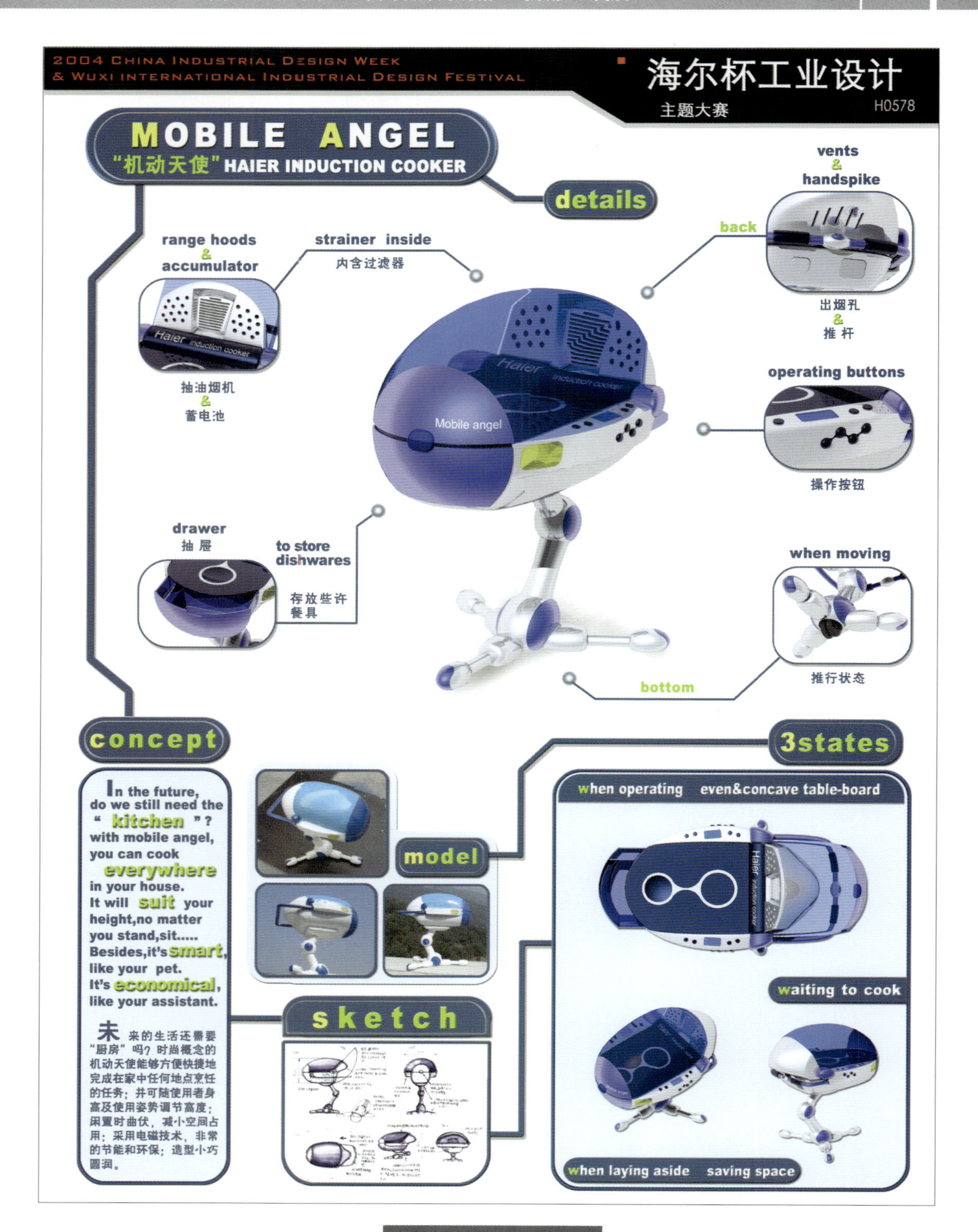
2004 CHINA INDUSTRIAL DESIGN WEEK
& WUXI INTERNATIONAL INDUSTRIAL DESIGN FESTIVAL
海尔杯工业设计
主题大赛
H0578
MOBILE ANGEL
"机动天使" HAIER INDUCTION COOKER
details
range hoods & accumulator
抽油烟机 & 蓄电池
strainer inside
内含过滤器
back
vents & handspike
出烟孔 & 推杆
operating buttons
操作按钮
drawer
抽屉
to store dishwares
存放些许餐具
when moving
推行状态
bottom
concept
In the future, do we still need the "kitchen"? with mobile angel, you can cook everywhere in your house. It will suit your height,no matter you stand,sit..... Besides,it's smart, like your pet. It's economical, like your assistant.
未来的生活还需要"厨房"吗？时尚概念的机动天使能够方便快捷地完成在家中任何地点烹饪的任务；并可随使用者身高及使用姿势调节高度；闲置时曲伏，减小空间占用；采用电磁技术，非常的节能和环保；造型小巧圆润。
model
sketch
3states
when operating even&concave table-board
waiting to cook
when laying aside saving space

2004 CHINA INDUSTRIAL DESIGN WEEK
& WUXI INTERNATIONAL INDUSTRIAL DESIGN FESTIVAL

海尔杯工业设计

主题设计大赛　H0610

到了2010年，随着生活的不断发展，二维图像的浏览已经不能满足人们日益增长的要求，人们需要能够进行实时三维的通信。

古老传说中的魔法人人都将具备，通过水晶球可以实现实时的三维的通话、购物、观看和心灵的沟通，一切都变得那么神奇。

下载的数据流经过处理器解析，通过底盘部分的激光全息成像系统生成在球体的空间中，只需要用指尖触动球体就可以实现三维图像的翻转、放大，察看它的更多细节。其他的操作通过触媒屏和功能键完成。

In 2010, along with continuously developping of the society,planar views can't satisfy the people anymore, they demand real-time communication through three-dimensional image.

Everyone will has the magic that described in ancient legendary, use the 'crystal ball' one can enjoy real-time three-dimensional videophone call, shopping on web or take a communication heart and soul with a old friend, everything become so miraculous.

TCL 杯
“数字互动新生活”

CHINA INDUSTRIAL DESIGN WEEK & WUXI INTERNATIONAL INDUSTRIAL DESIGN FESTIVAL
中国工业设计周暨无锡国际工业设计节
中国设计的创新　交流　发展
TCL 多媒体电子杯工业设计主题大赛

◆大赛目的：
推动中国工业设计的发展，增进企业工业设计的原创能力，密切企业与设计界的联系，扩大国际设计交流与合作。

◆大赛主题：
TCL“数字互动新生活”
围绕家电数字化概念，
根据公司数字电视概念深入与发展的需求，
以 3C 为主线，紧抓“互动”二字，
将先进的应用技术融合无限的创意，
向使用者展示数字世界的精彩。
设计以客厅内的多媒体电子产品来展开，
包括外观、使用方式、人机界面的设计细节，
其中人机界面含菜单设计等。
[注：3C 指 COMPUTER（计算机）、
COMMUNICATIONS（沟通）、
CONSUME ELECTRONICS（电子消费）]
希望参赛者以敏锐的观察力和丰富的想像力，
挖掘并发现使用者的潜在需求，创造性地进行设计，
旨在令人们在客厅中的生活更方便、更惬意。

◆评选标准：
1 符合主题要求
2 独创性
3 社会性
4 近未来技术可行性
5 设计完成度

TCL“数字互动新生活”主题大赛初评委

张福昌　江南大学教授、江苏省工业设计学会理事长
许喜华　浙江大学教授、工业设计系主任
赵英新　山东大学教授、山大工业设计中心总经理
何晓佑　南京艺术学院设计学院副教授、院长
刘　杰　广州美术学院设计学院教授、工业设计系主任

“我心中的工业设计园”地标物主题大赛初评委

张福昌　江南大学教授、江苏省工业设计学会理事长
许喜华　浙江大学教授、工业设计系主任
赵英新　山东大学教授、山大工业设计中心总经理
何晓佑　南京艺术学院设计学院副教授、院长
刘　杰　广州美术学院设计学院教授、工业设计系主任

海尔杯“未来家庭创想”主题大赛
TCL“数字互动新生活”主题大赛
“我心中的工业设计园”地标物主题大赛
终评委名单

Harald Leschke
德国奔驰公司设计高级设计总监

Dan Harden
美国 Whipsaw 工业设计公司总裁

Ilona Tormikoski（女）
芬兰工业设计师协会主席

近添雅行
日本国际设计交流协会亚太研究所主任

刘观庆
江南大学设计学院教授

中国工业设计周暨无锡国际工业设计节
工业设计主题大赛获奖名单
TCL杯“数字互动新生活”主题大赛

大奖

T0270 E眼	李 鹏	江南大学设计学院

金奖

T0201 灵精世境	崔长亮	武汉理工大学艺术与设计学院

银奖

T0106 磁悬浮多方位投影电视	郑 伟	天津美术学院
T0117 茶话	程永亮 汪凌燕	江南大学设计学院

铜奖

T0144 思绪跃动——MP3播放器	叶思斯 李 欣 杨 颖 叶佩玲	广东工业大学艺术设计学院
T0209 数码背心	李 丁	江南大学设计学院
T0429 多媒体数码屏风	李 鹏	江南大学设计学院

优秀奖

T0013 记忆精灵	沈于睿 王 莉	江南大学设计学院
T0047 美得无处藏	吴 耀	陕西科技大学工业设计系
T0055 家用网络计算机	黄高翔	神舟电脑
T0063 弈	汪凌燕 程永亮	合肥工业大学
T0086 叶	潘 晶 莫家俊	江南大学设计学院
T0107 三维互动电视	陈 攀	天津美术学院
T0181 “朋友”家庭数字娱乐中心	张 祥	北方工业大学工业设计系
T0204 “幻影”	赵 暖 李春雷	北京
T0227 读书精灵	吕太锋	江南大学设计学院
T0278 数字电视机顶盒	胡 鹿	江南大学设计学院

入围奖

作品	作者	单位
T0007 智能型电饭锅	王　刚	华北工学院工业设计（艺）
T0010 My 多多	许衍军	安徽工程科技学院
T0037 家用电话	郑赤伟	泉州皓康电子
T0040 LCD 液晶电视	杜成勇	四川长虹电子集团公司
T0049 自由分配式数字定时电源插座	韩　相	上海应用技术学院工业设计
T0050 家庭数码宝贝	胡占彦	江南大学设计学院
T0091 电视节目预告器	陈廷波	天津科技大学
T0101 Simple Life	童琛超	哈尔滨工程大学
T0103 Hi!	戚一翡	江南大学设计学院
T0116 数码伴侣 - 窗元素	曹大伟	天津市天津理工大学
T0123 1+1+1=1	许　鑫	东南大学
T0124 家庭游戏终端	徐春笋	东南大学
T0130 红鼓	严海波	江苏技术师范学院
T0138 Double Sides TV	林国辉　何勇强	广东工业大学
T0150 数码棋盘	张宏毅　曾燕强　郑表中　王秋桂	广东工业大学艺术设计学院
T0158 滚动的音乐	彭成峰	常州工学院艺术与设计分院
T0159 太极挂钟	彭成峰	常州工学院艺术与设计分院
T0168 家庭多媒体娱乐中心	周　敏	浙江科技学院艺术与设计系
T0174 MINI 数字电视	蒋春晖　蒋　祺	江南大学设计学院
T0177 天堂	陈耀权	武汉理工大学艺术与设计学院
T0185 数字媒体电视	谭新龙	江苏技术师范学院
T0191 电子茶几	朱百万　杜　乐	南京艺术学院设计学院
T0202 数码宝贝	周　卓	江南大学设计学院
T0210 超级智能语音同步翻译手机——译霸通	李伟新	广州美术学院设计分院
T0211 3C 数字电视系统	刘　东　闫珊珊	石家庄河北科技大学
T0217 概念钟表	赵孝颖	西安科技大学艺术学院
T0236 视觉音响	任伟波　徐佳龙　罗学亮	西安工程科技学院
T0248 My elife	易晓蜜　吴　君	江南大学设计学院
T0253 “恬逸”数字电视	刘雪飞	江南大学设计学院
T0262 M & M 投影仪	王小亮	江南大学设计学院
T0276 多媒体可视电话	杨志才　黄　迪	江南大学设计学院
T0277 家庭数字生活助理	方　圆　夏小邓	安徽工程科技学院艺术设计系

大奖作品

E 眼

李 鹏 江南大学设计学院

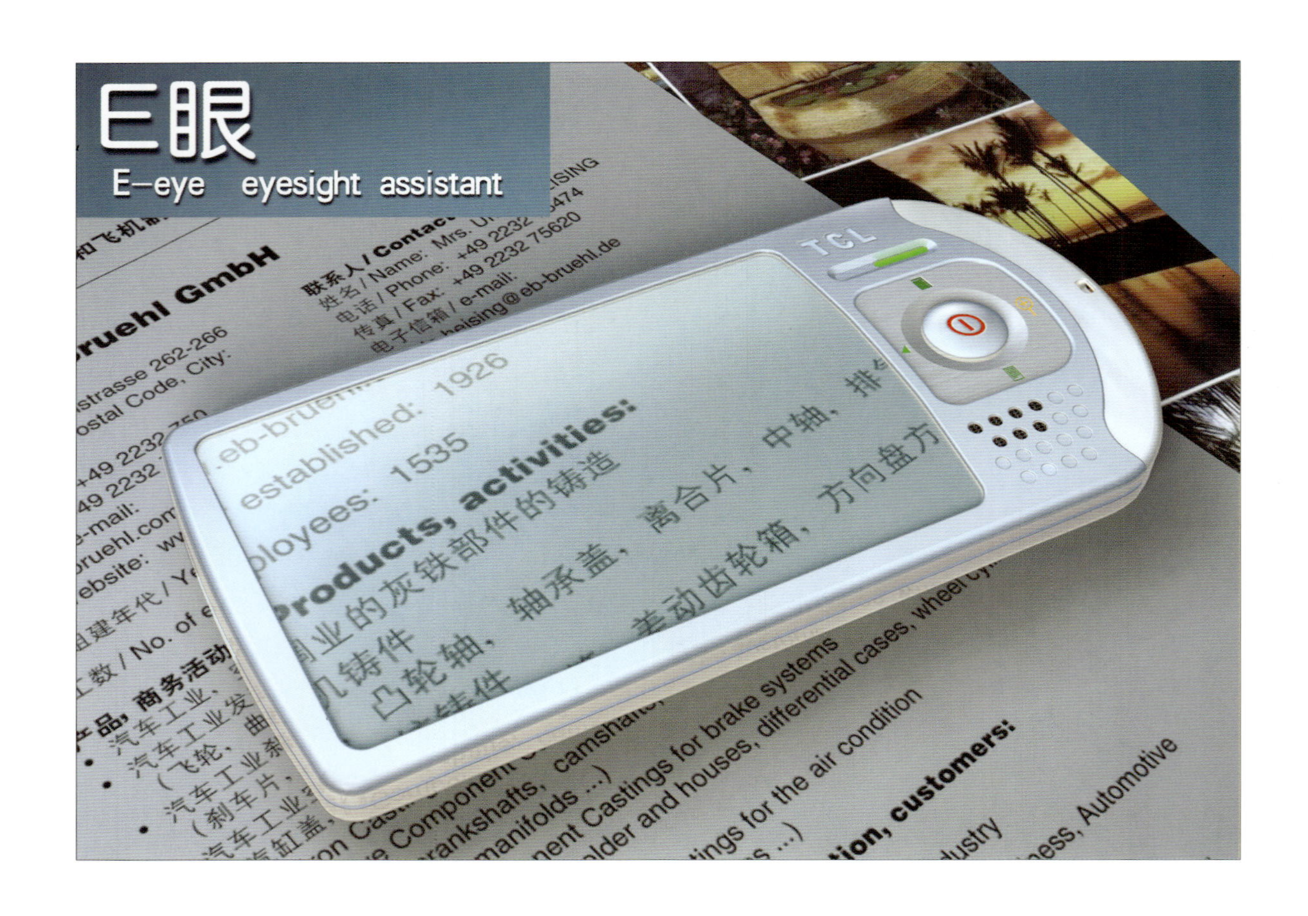

2004 China Industrial Design Week
& Wuxi International Industrial Design Festival
TCL多媒体电子杯
主题设计大赛
T0270
E眼
E-eye eyesight assistant
全国约有10%的人口存在视力问题，其中三分之一的人在读书和看图时需要借助老花镜和放大镜，E眼将能够在这些方面给予他们帮助。让他们享受到“互动”的乐趣。
放大功能：对文字、图像进行取景放大，以便仔细察看；
抓拍存储功能；
电子书籍阅读、浏览功能；
文字转换功能：将所拍摄的文字图像转换成为文本、翻译；
通过USB接口与PC机相连。
10% of population in our county have trouble with their eyes,one third amount them need presbyopic glasses or magnifier in reading,so E-eye can give them a hand . Let them enjoy the funny of 'interaction'.
function of magnification,
function of shoot and shoot,
function of conversion image to text,and translate it,
connect with PC thorough USB Hub.
使用方式
use mode
主菜单
存储
放大
文本转换
明暗
亮度
存档
编辑
退出

灵精世境

崔长亮　　武汉理工大学艺术与设计学院

1

TCL杯工业设计主题大赛

灵精世境

Lingjingshijing

在不知不觉中　带你进入记忆中的童话世界

“灵精世境”设计由遥控车、遥控器、头戴显示仪三件一套组合而成，车身载有摄像头设备，由遥控器控制驶向任何位置，摄像头捕获的动态影像由发射装置传送到头戴显示仪，被我们的感觉器官接收，完成系列的信息传达。

使用时，眼睛、耳朵、手等重要感知器官通过大脑的信息交换，完成遥控车的行驶过程，带动了使用者的思维能力，找到失去的童话故事。

先进的无线数字技术将会带给我们失去已久的记忆，或许我们又可以回到巨人国。

T0201

银奖作品

磁悬浮多方位投影电视

郑 伟 天津美术学院

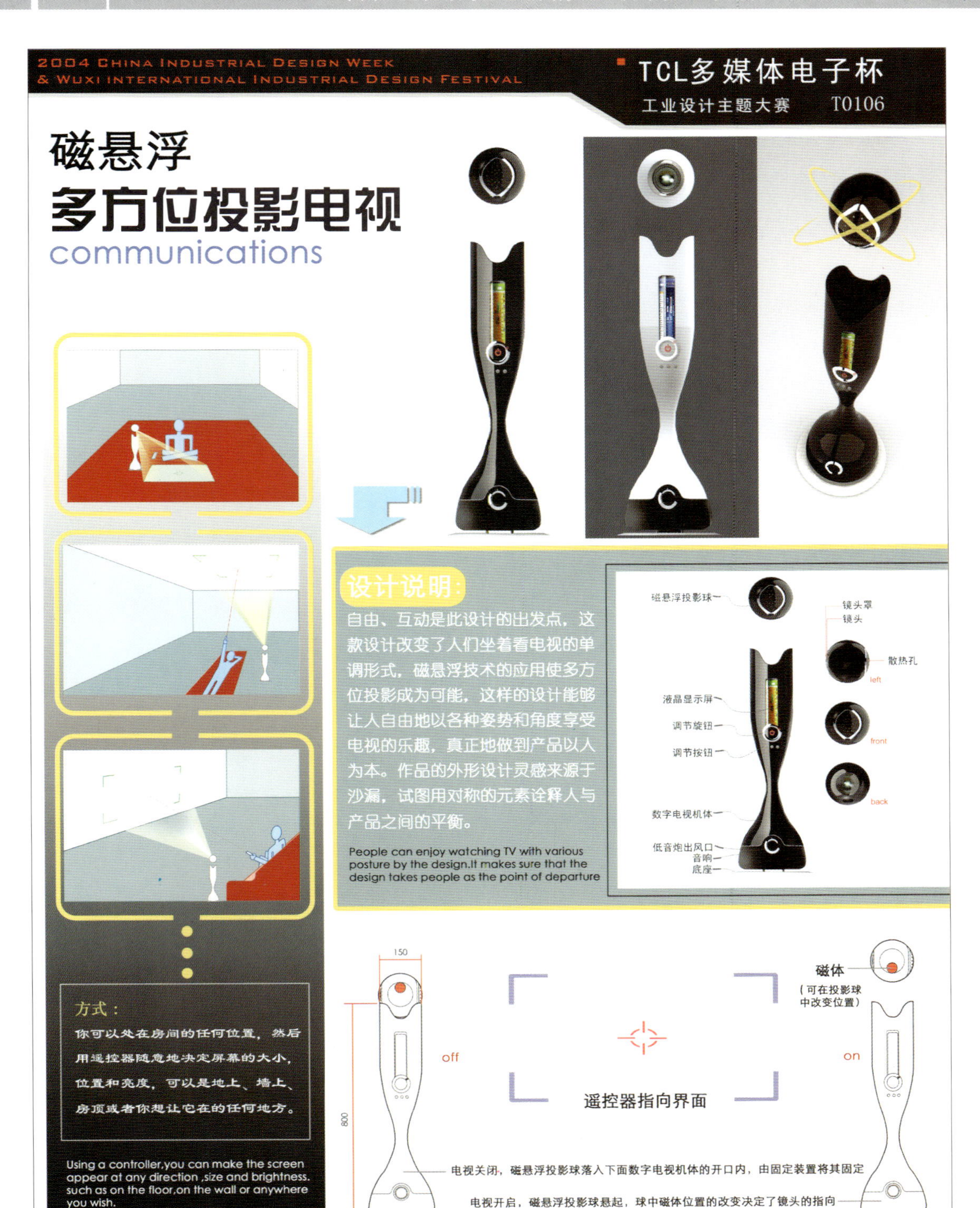
2004 China Industrial Design Week
& Wuxi International Industrial Design Festival
TCL多媒体电子杯
工业设计主题大赛　T0106
磁悬浮
多方位投影电视
communications
设计说明：
自由、互动是此设计的出发点，这款设计改变了人们坐着看电视的单调形式，磁悬浮技术的应用使多方位投影成为可能，这样的设计能够让人自由地以各种姿势和角度享受电视的乐趣，真正地做到产品以人为本。作品的外形设计灵感来源于沙漏，试图用对称的元素诠释人与产品之间的平衡。
People can enjoy watching TV with various posture by the design.It makes sure that the design takes people as the point of departure
磁悬浮投影球
镜头罩
镜头
散热孔
left
液晶显示屏
调节旋钮
调节按钮
front
back
数字电视机体
低音炮出风口
音响
底座
方式：
你可以处在房间的任何位置，然后用遥控器随意地决定屏幕的大小，位置和亮度，可以是地上、墙上、房顶或者你想让它在的任何地方。
Using a controller,you can make the screen appear at any direction ,size and brightness, such as on the floor,on the wall or anywhere you wish.
150
800
off
on
磁体
（可在投影球中改变位置）
遥控器指向界面
电视关闭，磁悬浮投影球落入下面数字电视机体的开口内，由固定装置将其固定
电视开启，磁悬浮投影球悬起，球中磁体位置的改变决定了镜头的指向

茶话

程永亮 汪凌燕 江南大学设计学院

2004 CHINA INDUSTRIAL DESIGN WEEK
& WUXI INTERNATIONAL INDUSTRIAL DESIGN FESTIVAL

TCL多媒体电子杯数字互动新生活主题设计大赛　T0117

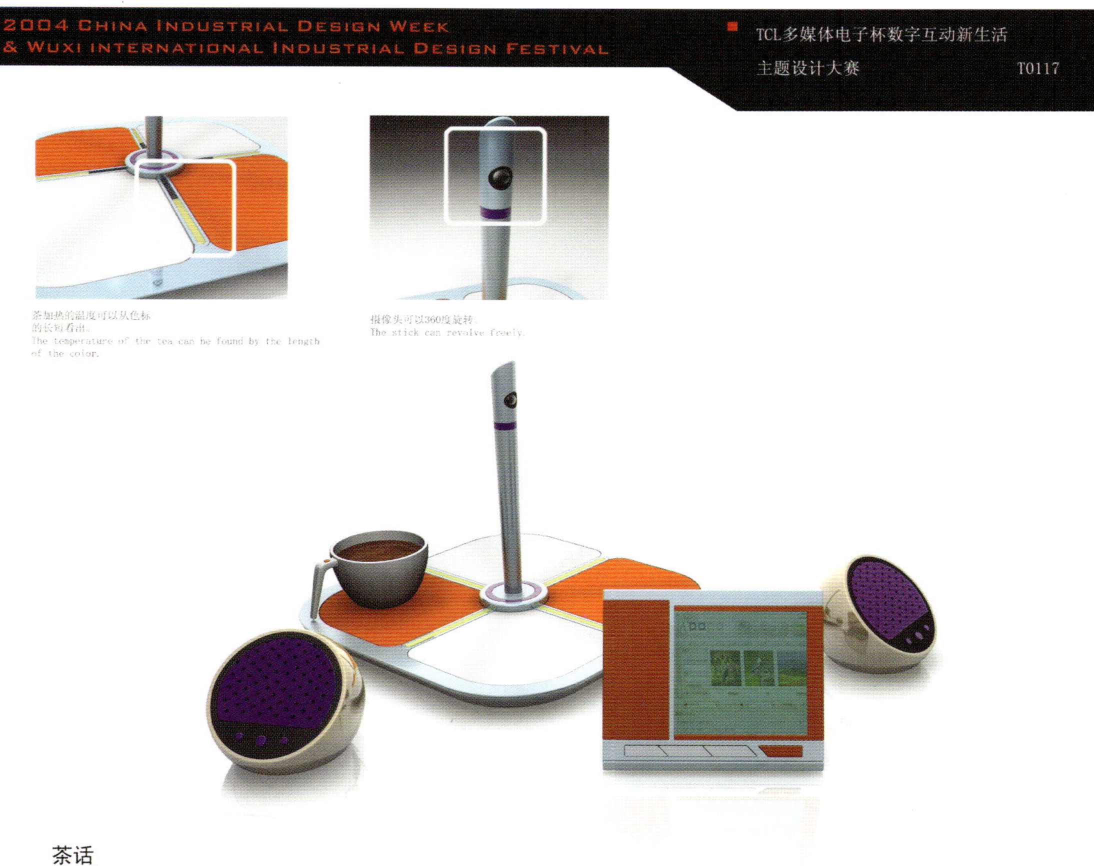

茶加热的温度可以从色标的长短看出。
The temperature of the tea can be found by the length of the color.

摄像头可以360度旋转。
The stick can revolve freely.

茶话
Tea Party

The busy life-style makes every family to have less time for conversation and getting together, which cause a lot of problems due to such lack of mutual concern or understanding。I tried to suggest a design of home communicator that will overcome such social problems. Inspired by traditional Chinese tea drinking culture, the TEA PART embraces the tea ritual and re-introduces the experience to the modern lifestyle. It allows us have a peaceful moment being away from the busy routine life or heats our body warm. The Stick records our pleasant images. The tray has a function of heating the tea or coffee. The Display has functions of monitor and message board that can show graphic files stored in stick. The Sound box has a function of recording or playing ours conversation.

现代高效忙碌的生活方式使家庭成员很少有时间聚在一起交流、沟通了。传统的家庭沟通交流的方式也渐渐消失，代之的是快节奏的消费方式。但事实上一家人聚在一起，享受平静和安详的时光是十分重要的。受中国传统茶文化的启发，将传统的喝茶体验融入现代的电子生活方式，就是“茶话”的概念。“茶话”允许家庭成员之间在喝茶时进行交流。托盘可以快速加热茶或咖啡等。摄像头可以记录家庭成员一起开茶话会的活动。通过音箱可以倾听家庭成员的留言，可以用浏览器去浏览一家人喝茶的录像。

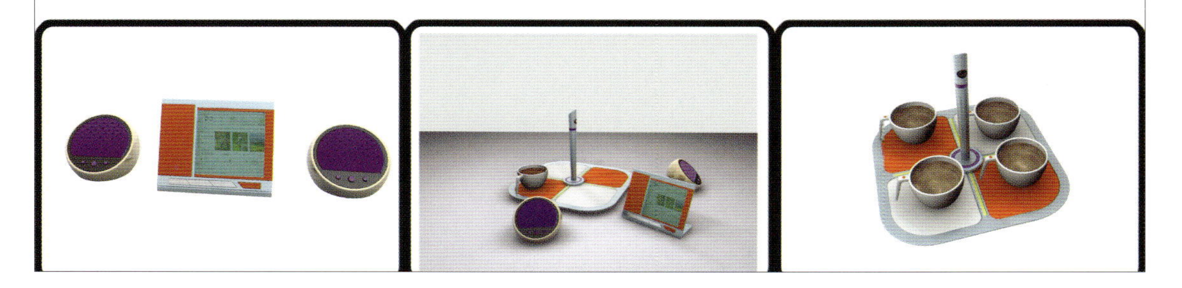

铜奖作品

AL DESIGN WEEK
INDUSTRIAL DESIGN FESTIVAL

TCL多媒体电子杯
工业设计主题大赛 T0144

思绪跃动 ——MP3播放器

叶思斯 李 欣 杨 颖 叶佩玲
广东工业大学艺术设计学院

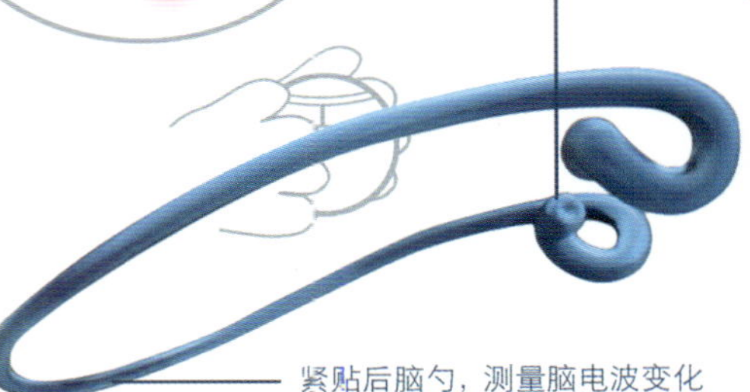

紧贴耳孔，测量心跳、体温变化

紧贴后脑勺，测量脑电波变化

耳机采用简单流线型，没有其他多余的装饰。使用了记忆金属与TPE两种材料，使用者可以根据自己的需要来调节耳机的形状大小。它同时也是一个情绪数据采样器，可以分别测量出体温、心跳、脑电波的变化，将其输入到播放器的芯片当中。

歌词显示效果

透明球中光线的变化是辉光放电的一种表现形式，在密封的玻璃球泡内充有两种以上稀薄的惰性气体，利用低压气体在高频强电场中不断放电的原理，使其不断激发、碰撞、电离、复合，从而发出自由扭动、收缩或散开的光来。这些光线不单能根据音乐的变化改变电场分布得出与之相应光线的形态、颜色变化，而且能显示歌词。

播放器和视觉效果显示球两个部分可以拆卸，控制器部分内藏钥匙孔，可以单独使用。外形美观大方，小巧简洁，方便携带。

T0209　　TCL 杯工业设计主题大赛

李　丁　江南大学设计学院

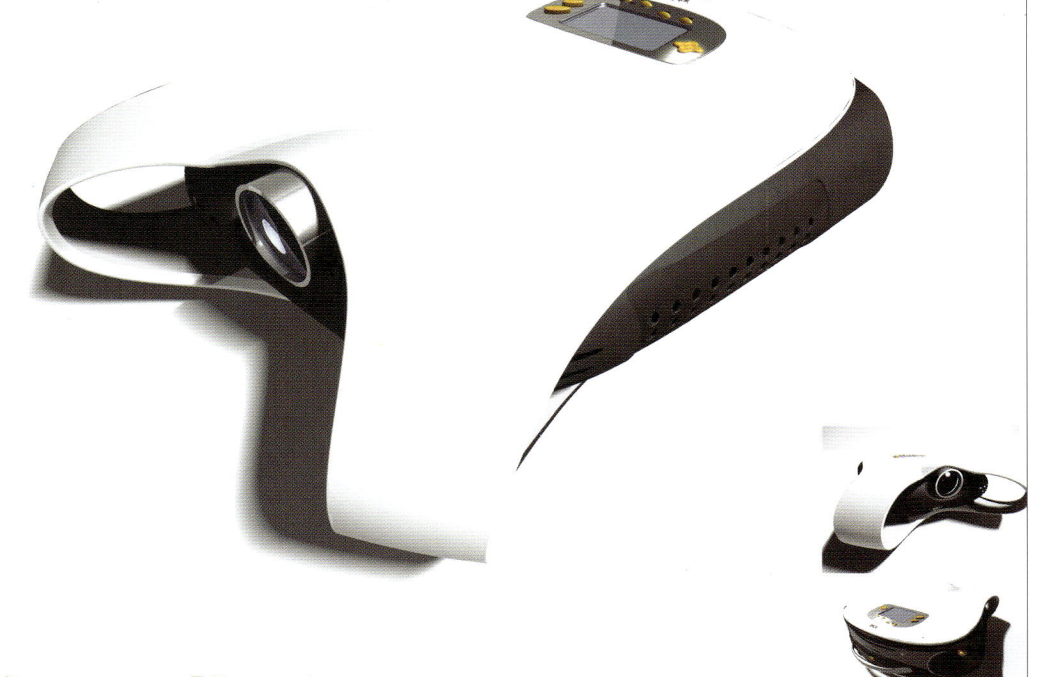

数码背心

设计说明：

“数码背心”是一部以DLP投影仪为基础的电子产品，它的目标人群是年轻的享乐主义者，是他们的娱乐影音中心。DLP数码投影机相对于传统电视有六大优势：1. 更清晰 2. 更细致 3. 更明亮 4. 更逼真 5. 更可靠 6. 更便携。所以，必然会成为今后家庭的主力娱乐媒体中心。“数码背心”得名于它的外形和背心颇为相似，它集成电视、随身音响、游戏机、投影仪四大功能，它的设计重点在于良好的便携性，所以，未来家庭的影音中心不一定局限在客厅，它可以把客厅搬到任何一个地方。

数码背心的底部是一个软塑的圆盘，电线可以绕在上面，在圆盘上有卡口，用来卡住插头，在移动的时候，幕布可以插到两个拱起的中间，方便携带。

操纵面：“数码背心”的主要操纵系统是一个触摸式屏幕

电视：有频道的选择、电台调节功能、储存频道等功能，并播放光驱里面的影碟。

硬盘：投影仪自带硬盘，里面存储了使用者喜欢的电影和音乐，可以随时随地播放。

设置：亮度、色彩、焦距等基本的设置，随机电池的电量查询。

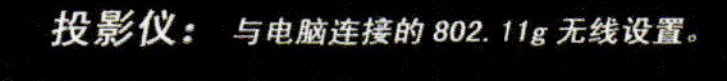

投影仪：与电脑连接的802.11g无线设置。

游戏：当放入游戏光盘后，进入选择游戏程序。

操纵面上的其他辅助按键、有方向键、频道选择键、音量调节键，还有确定键和取消键，同时，长按取消键能起到开机关机的作用

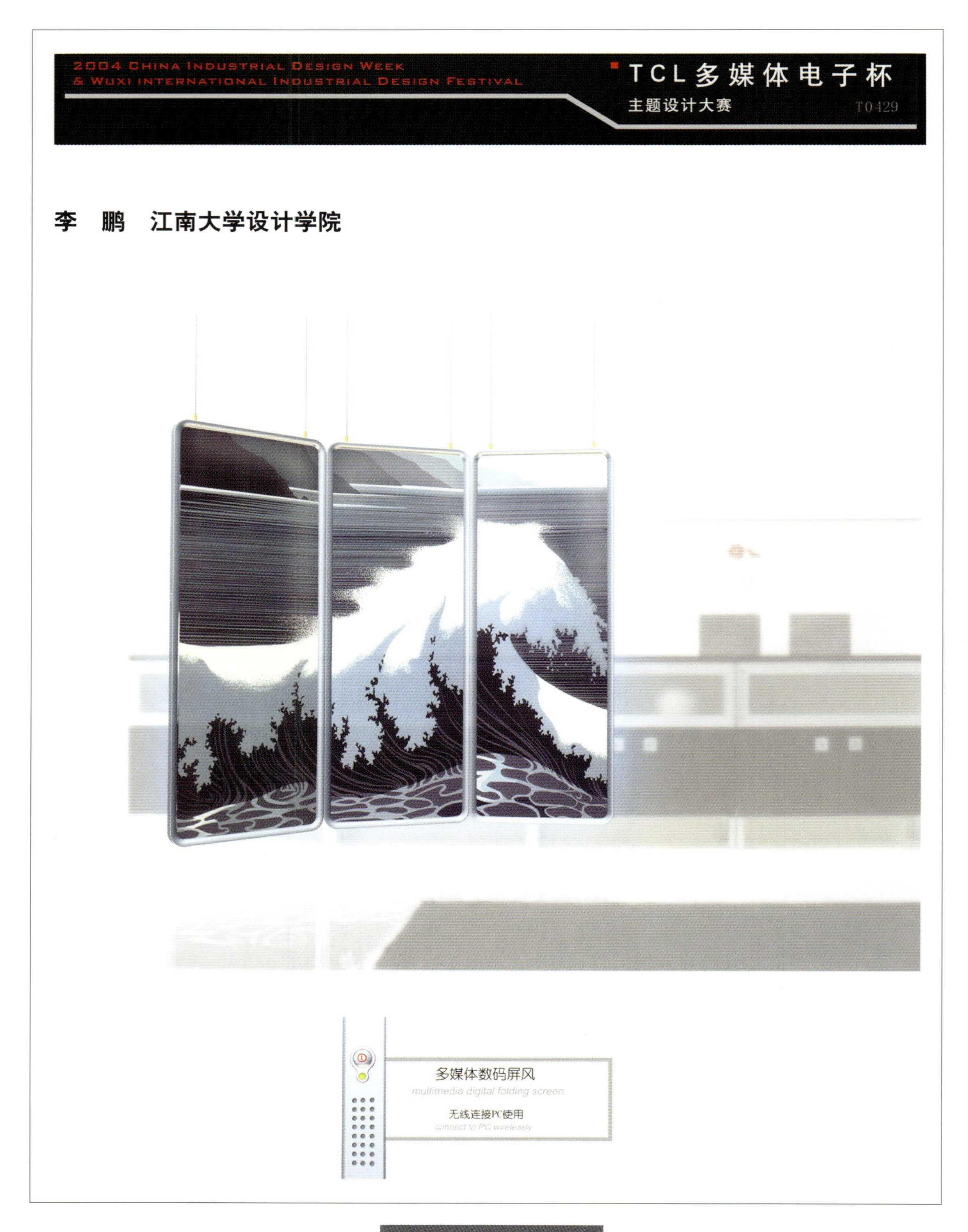
2004 CHINA INDUSTRIAL DESIGN WEEK
& WUXI INTERNATIONAL INDUSTRIAL DESIGN FESTIVAL
TCL多媒体电子杯
主题设计大赛
T0429
李 鹏 江南大学设计学院
多媒体数码屏风
multimedia digital folding screen
无线连接PC使用
connect to PC wirelessly

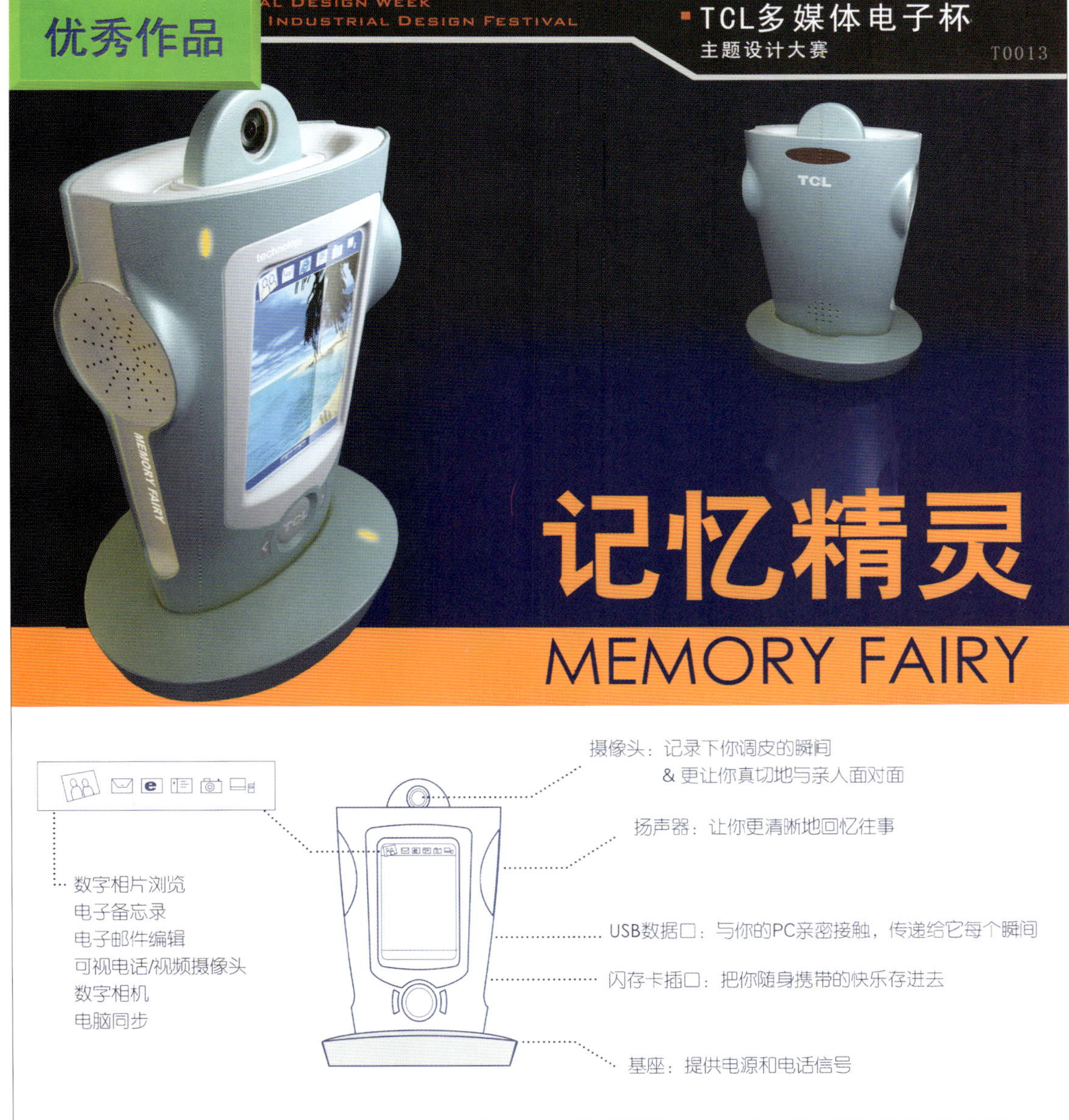

优秀作品
AL DESIGN WEEK
INDUSTRIAL DESIGN FESTIVAL
TCL多媒体电子杯
主题设计大赛
T0013
TCL
MEMORY FAIRY
记忆精灵
MEMORY FAIRY
摄像头：记录下你调皮的瞬间
& 更让你真切地与亲人面对面
扬声器：让你更清晰地回忆往事
USB数据口：与你的PC亲密接触，传递给它每个瞬间
闪存卡插口：把你随身携带的快乐存进去
基座：提供电源和电话信号
数字相片浏览
电子备忘录
电子邮件编辑
可视电话/视频摄像头
数字相机
电脑同步

未来数字技术的快速发展会使我们充分享受数字艺术的精彩，“记忆精灵”充当着照片中转站的角色，回家就可以欣赏白天的成果，更能随心所欲地寻找流逝的记忆。同时，它还是一个智能高手，可以实现可视电话，并与数字电视以及因特网连接，让你自由穿梭于数字世界中

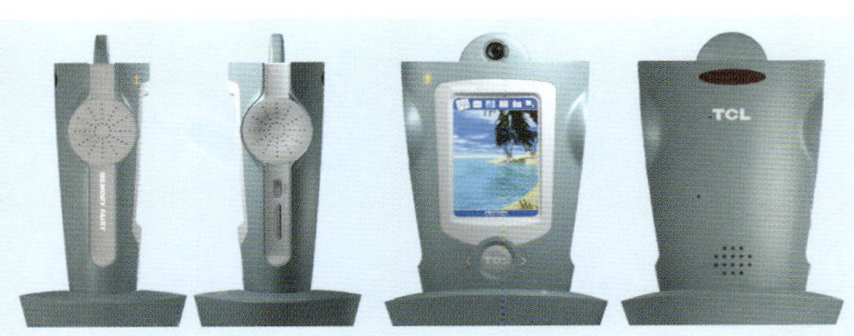

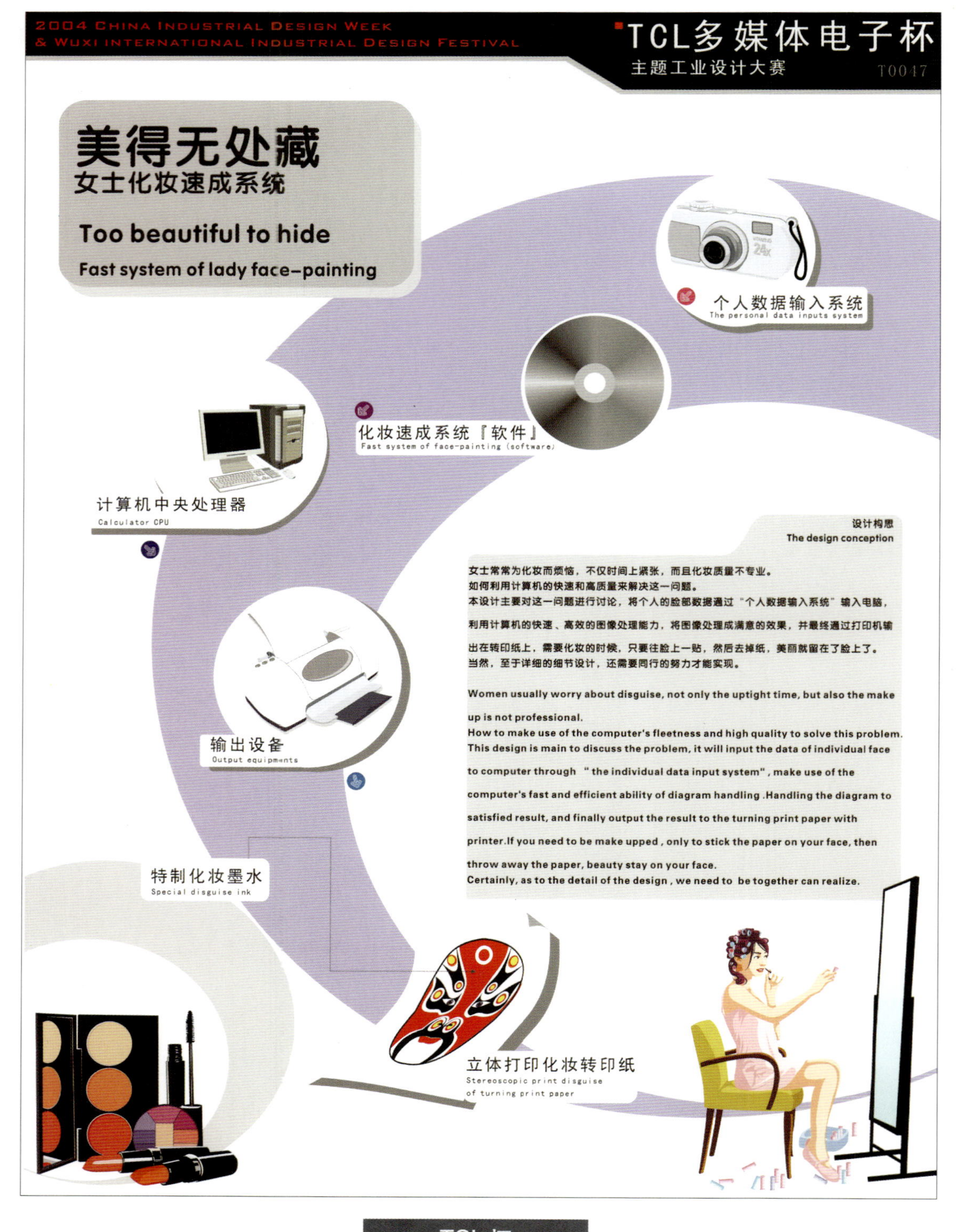
2004 China Industrial Design Week
& Wuxi International Industrial Design Festival
TCL多媒体电子杯
主题工业设计大赛
T0047
美得无处藏
女士化妆速成系统
Too beautiful to hide
Fast system of lady face-painting
个人数据输入系统
The personal data inputs system
化妆速成系统『软件』
Fast system of face-painting (software)
计算机中央处理器
Calculator CPU
输出设备
Output equipments
特制化妆墨水
Special disguise ink
立体打印化妆转印纸
Stereoscopic print disguise
of turning print paper
设计构思
The design conception
女士常常为化妆而烦恼，不仅时间上紧张，而且化妆质量不专业。
如何利用计算机的快速和高质量来解决这一问题。
本设计主要对这一问题进行讨论，将个人的脸部数据通过“个人数据输入系统”输入电脑，
利用计算机的快速、高效的图像处理能力，将图像处理成满意的效果，并最终通过打印机输
出在转印纸上，需要化妆的时候，只要往脸上一贴，然后去掉纸，美丽就留在了脸上了。
当然，至于详细的细节设计，还需要同行的努力才能实现。
Women usually worry about disguise, not only the uptight time, but also the make
up is not professional.
How to make use of the computer's fleetness and high quality to solve this problem.
This design is main to discuss the problem, it will input the data of individual face
to computer through “the individual data input system”, make use of the
computer's fast and efficient ability of diagram handling .Handling the diagram to
satisfied result, and finally output the result to the turning print paper with
printer.If you need to be make upped , only to stick the paper on your face, then
throw away the paper, beauty stay on your face.
Certainly, as to the detail of the design , we need to be together can realize.

NPC 网络计算机

设计理念：根据调查，家庭电脑使用率最高的三项是上网、处理文字、娱乐。这几项对于电脑来说只是基础功能。我的设计主要是通过分屏显示，来实现功能的合理利用。一般情况下，小屏幕满足日常的必要生活信息浏览，需要时与大屏幕配合显示，合理地对能源进行控制，外表面采用记忆性材料，外形便于拓展，同时便于角度的调整。

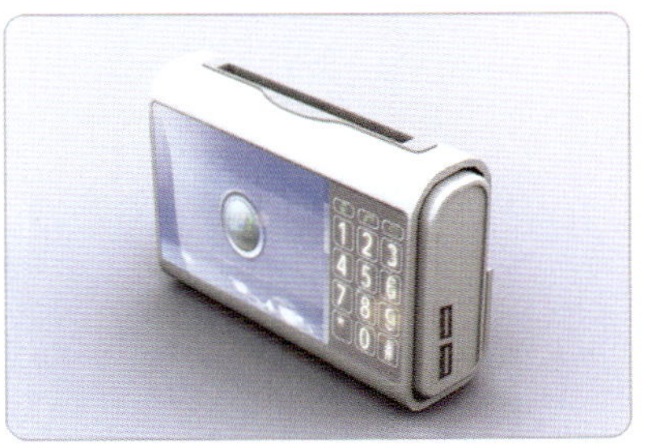

3

TCL杯工业设计主题大赛

The work is named YI,which represents its double meanings.The double screens which can revolve are one of its special features.My inspiration comes from the furnitures in MING and QING DYNASTY.People can change its views on the electronical screen at will everyday. This work also can be used as the LCD of a TV set or a computer, which will make our lives convenient and comfortable.

液晶屏周围包裹的是特殊材质，它能感应人的气息发出七种不同的色光，来代表人的七种心情，同时，底座上的同一色彩灯会亮起。

作品名“弈”，取其“双”意，可旋转双屏是它的特色。灵感来自于明清家具屏风，电子化后改变屏风一成不变的旧貌，主人可根据自己的喜好随意更换屏风的画面，使客厅每日都有新鲜的气息。将电视、电脑的功能组合进产品，使其更贴近日常生活，方便、舒适，就是这么简单。

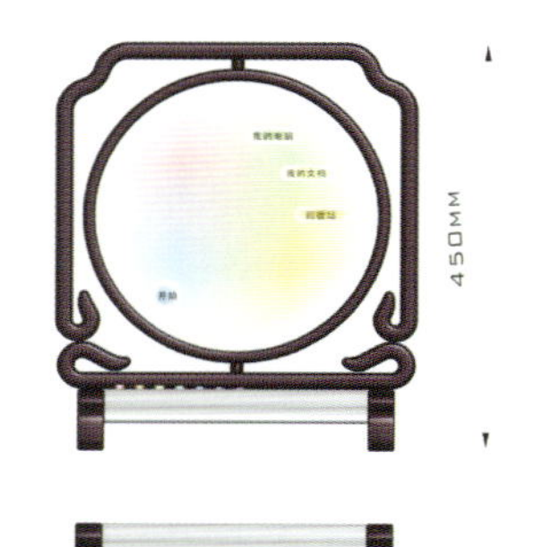

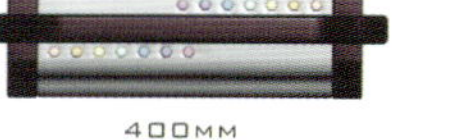

三视图

The LCD's circumference is wrapt with special material.If can respond to the person's breath and send out seven kinds of different color lights,showing seven different kinds of feelings.

该产品的材质主要有合金钢与特殊发光材质，外框支架主要为钢，喷漆后仿红木效果。

The material of this product primarily contains metal alloy steel and special material which shines.The frames are made up of alloy,imitating the black wood result after spraying the paint.

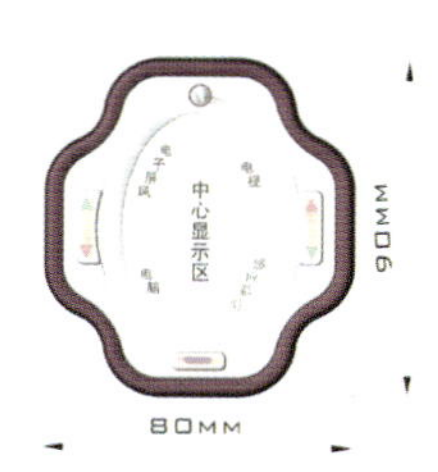

控制器

可旋转双面液晶屏
摄像头
选择按钮
七彩灯钮
手触摸屏
菜单铵钮
芯片底座
USB 接口

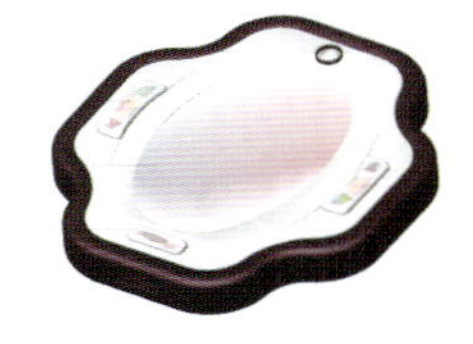

T0063

TCL杯工业设计主题大赛
TCL DIGITAL
RETURN TO THE NATURE
“叶”自身也是一个超大容量的存储器。使用者可以通过USB、CF、SD和无线网络与其他媒介进行信息互动。比如：使用者放入一张CD后，“叶”可以通过使用者的指令进行信息拷贝。“叶”是一个集“音乐”、“电影”、“电视”、等媒介为一体的超强互动媒体平台。
充电器支架
on line&mode select
TCL DIGITALIZE YOUR LIFE
葉
TCL DIGITAL
INSERT DISC
STATE 1
STATE 2
DESIGN
IDEA
OLED 投影器
“叶”
设计灵感来源于植物的叶子，流线和带有亲和力的小巧外型给人一种回归自然的清新感觉。
“叶”是集合了“无线技术”、“网上冲浪”、“家庭影院”和“OLED投影仪”为一体的多功能互动媒体平台。
“自然”、“互动”、“生活”是“叶”包含的三大主要内容。
WIRELESS
DESIGN DETAILS
一键上网＆确认键
音量调节键
频道＆上下页面调节键
红外线
SHARE LIFE
three views
T0086
20.00cm
20.00cm
10.00cm
6.00cm

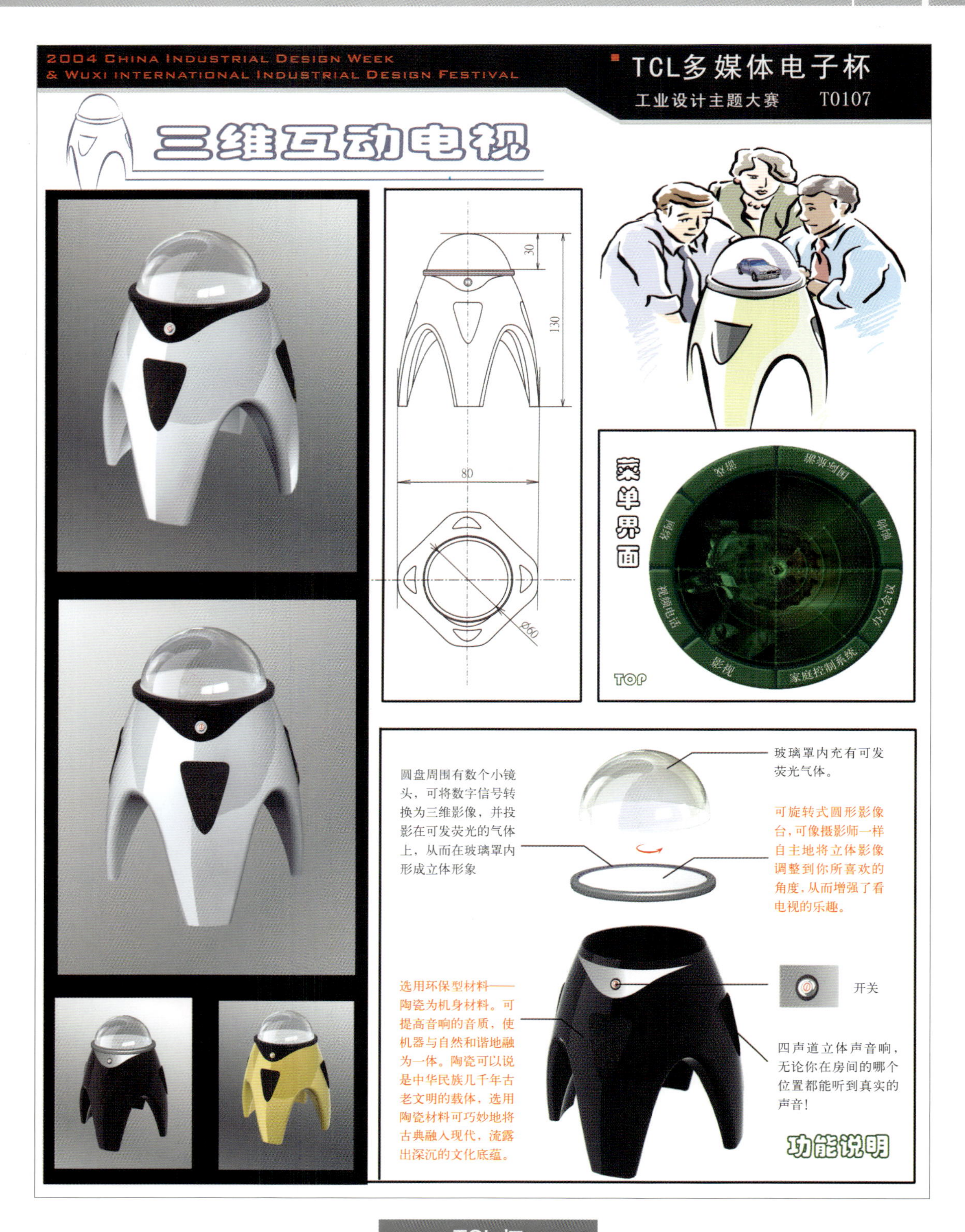
2004 CHINA INDUSTRIAL DESIGN WEEK
& WUXI INTERNATIONAL INDUSTRIAL DESIGN FESTIVAL
TCL多媒体电子杯
工业设计主题大赛 T0107
三维互动电视
30
130
80
Ø60
菜单界面
TOP
游戏
国际新闻
时事
办公会议
家庭控制系统
影视
视频电话
娱乐
圆盘周围有数个小镜头，可将数字信号转换为三维影像，并投影在可发荧光的气体上，从而在玻璃罩内形成立体形象
玻璃罩内充有可发荧光气体。
可旋转式圆形影像台，可像摄影师一样自主地将立体影像调整到你所喜欢的角度，从而增强了看电视的乐趣。
选用环保型材料——陶瓷为机身材料。可提高音响的音质，使机器与自然和谐地融为一体。陶瓷可以说是中华民族几千年古老文明的载体，选用陶瓷材料可巧妙地将古典融入现代，流露出深沉的文化底蕴。
开关
四声道立体声音响，无论你在房间的哪个位置都能听到真实的声音！
功能说明

TCL 杯工业设计主题大赛

家庭数字娱乐中心

PC、DC、DVD、MP3、PDA……
这是一个数字时代——
“Friend”是一款独特的数字高清液晶电视，由两个 30 英寸的液晶屏组成，拼接时呈 50 英寸的超宽银幕。加上 Dolby Digital 5.1 声道环绕立体声，超酷视听感受，绝对是家庭娱乐的新好 Friend!

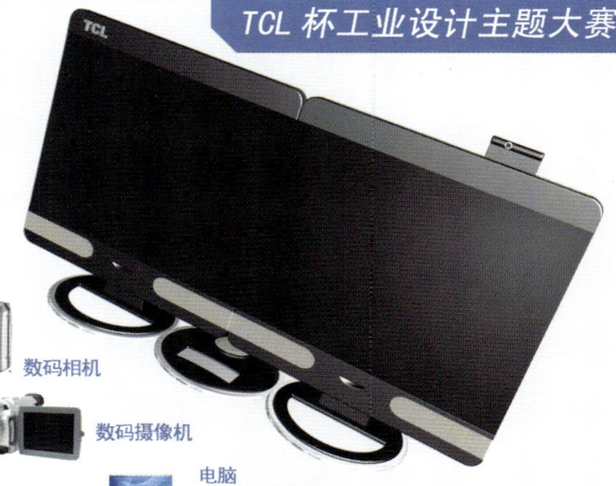

数码相机

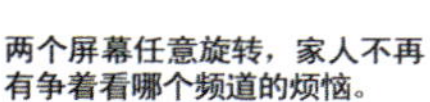

数码摄像机

电脑

音像及 DVD

MP3

掌上电脑

手机

两个屏幕任意旋转，家人不再有争着看哪个频道的烦恼。

全新的家庭数字娱乐中心，它可以建立、管理、传输和分享家庭里的数字及娱乐设备，特置硬盘存储数据，并且支持微软 Windows 媒体中心扩展技术，

机顶摄像头

数字电视频道超多，还有很多全天候的，通过内置硬盘还可将好节目录下来，以后再看！
Friend 还是超大的电子像框；纯平的屏幕还可作为电子风景墙，两个屏幕不同的风景给客厅迷人的装饰。

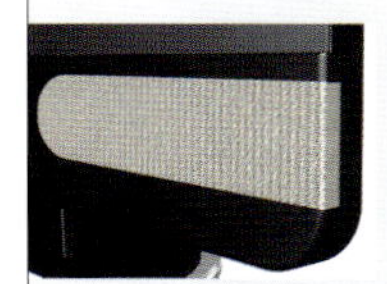

音箱，设在底部，
屏幕为无竖边设计

Friend 可无线上网并且网上购物。
最有趣的是：它还是一个电视电话，随时与亲朋好友“见面”，一起看电视、购物……

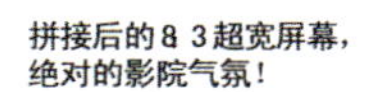

拼接后的 8 3 超宽屏幕，
绝对的影院气氛！

三个底部转轴相交固定，
两边的圆盘通过旋转改变液晶屏的位置。

中间的固定圆盘，内置硬盘，
还有个矩形状态显示屏幕，圆形无线接收系统。

T0181

幻影——空间投射多视角空气屏数字电视

AIR SCREENS DIGITAL TELEVISION

TCL杯工业设计主题大赛 T0204

"幻影"的限场音频设计介绍

"幻影"的"限场音频"技术是为了配合它的多屏幕、多角度投射而特别设计的一种声音传递技术。这种声音传递的方式能够根据观众视角的不同,限定声波传递的方向及范围,从而达到多人观看,而声音并不互相影响的效果。

根据这种"限场音频"技术的应用,把"幻影"的扬声器也设计成为角度多方向的形态,以便更好地实现声音的定向传递。

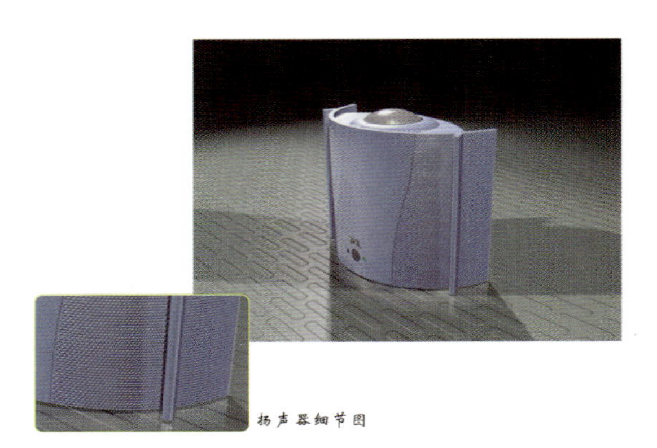

扬声器细节图

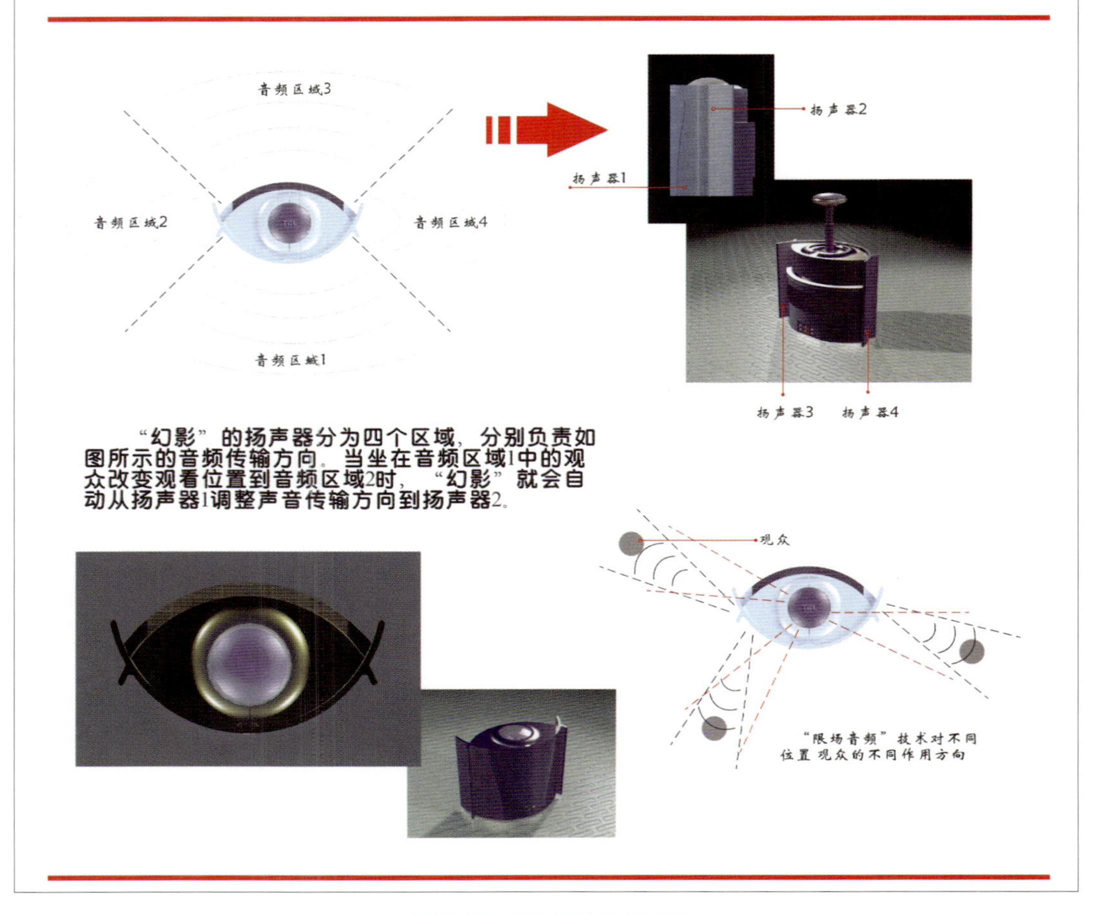

"幻影"的扬声器分为四个区域,分别负责如图所示的音频传输方向。当坐在音频区域1中的观众改变观看位置到音频区域2时,"幻影"就会自动从扬声器1调整声音传输方向到扬声器2。

"限场音频"技术对不同位置观众的不同作用方向

2004 China Industrial Design Week
& Wuxi International Industrial Design Festival

TCL多媒体电子杯
主题设计大赛 TO227

一个能把书上看到的东西变成广播"节目"的精灵
She can make the book become broadcast

互动
INTERACT

读书精灵
Reading spirit

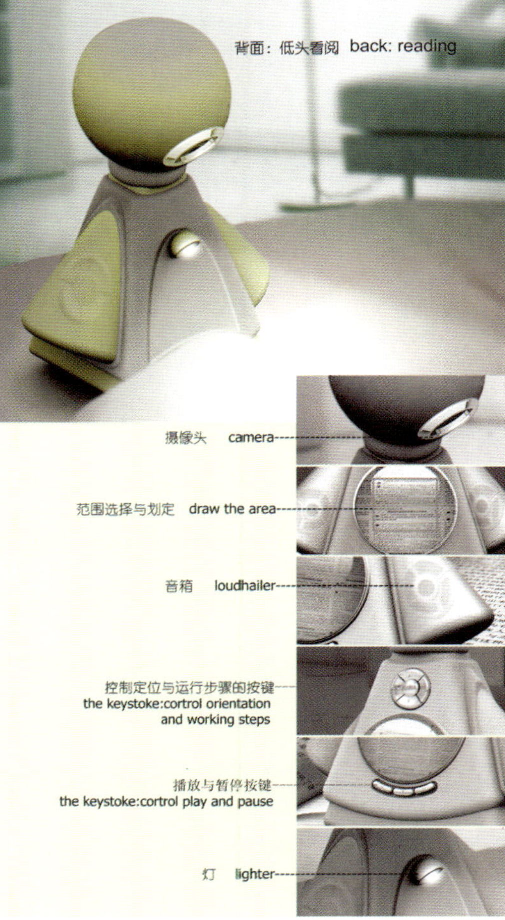

客厅也常常是人们看书的空间，但更有休闲的特点，然而看书造成的视觉疲劳经常困扰着人们。这是一个特殊的多媒体产品，它可以通过摄像头把书或报上的文字拍摄下来，然后转换成有声语言进行播放，使"读书"变得更加自由，实现视觉与听觉的互动，而且可以多人同时听，增进人与人之间互动。

People always reading in the parlor, but always regard it as a kind of leisure.Yet , reading often lead to eyes' fatigue . The " Reading Spirit " is a special multimedia production . she can take photos for the words of books (or newspapers)througha camera on her head , and then, translate the image into sound.So,with her , we can hear books (or newspapers) , we can find reading become more easy ; With her , we can realize interaction between vision and hearing and improve interaction among people and people because many people can hear one book at the same time.

1

T0278
TCL 杯工业设计主题大赛
MUSHROOM
set-top box
数字电视机顶盒
WELCOME
HOME
44%RH 28℃
除了 STB 的基本功能之外，Mushroom 更注重与人的交流——即时网络交通、天气甚至小区信息发布，让你不用开启电视便能得到基本的生活信息。在每天回家的时候，自动感应的 Mushroom 还会送上欢迎回家的问候。
黑色圆形显示屏幕可以显示更多的内容；蓝牙技术的普及免去了数据线的繁复。
主机
遥控器
遥控器从外形上与主机保持风格的一致性。四个大按键方便操作。黑色屏幕可显示较多菜单内容。而遥控器本身也是一个小型信息接收器，可以作为主机信号提示的工具。

入围作品

"TCL"杯工业设计主题大赛

T0007

智能型电饭锅

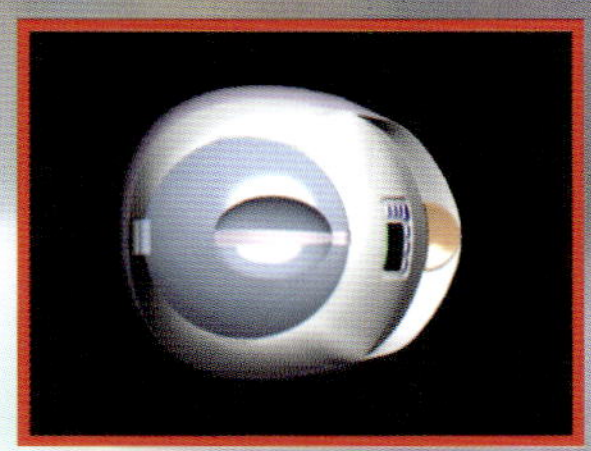

设计的目的在于尽可能地使人们的生活和工作环境更加简便舒适。产品在使用时能够让人们得到一种享受和愉悦。从这一理念出发我设计了这款智能型电饭锅。它充分考虑了人们在从事家务劳动时的单调和乏味，一反传统模式的设计，运用了流线型的小巧外形。外观采用了轻巧耐用的复合材料。洁净、淡雅的颜色搭配更显新颖和清爽。排气孔位置的合理放置使人们使用更加安全。

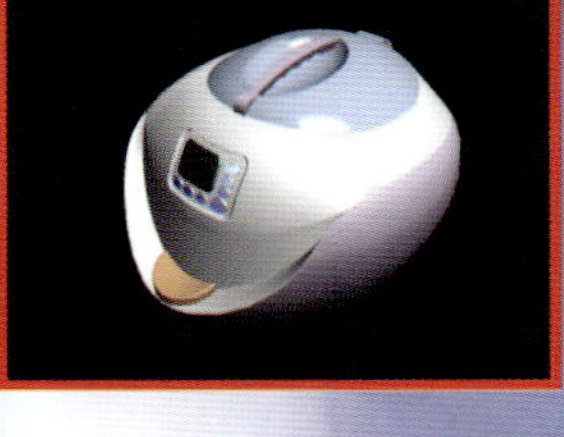

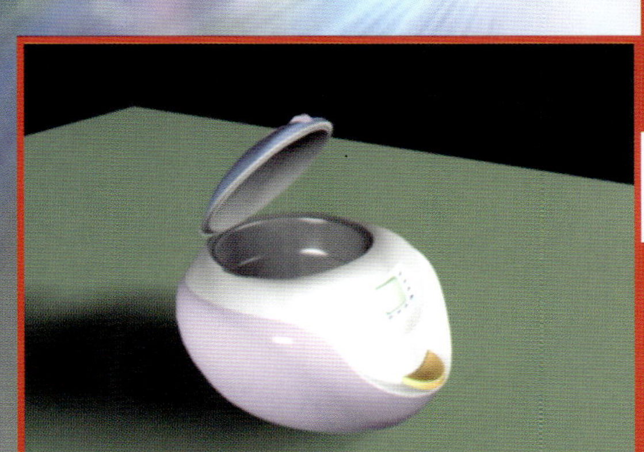

2004 CHINA INDUSTRIAL DESIGN WEEK
& WUXI INTERNATIONAL INDUSTRIAL DESIGN FESTIVAL

TCL 多媒体电子杯
主题设计大赛 T0010

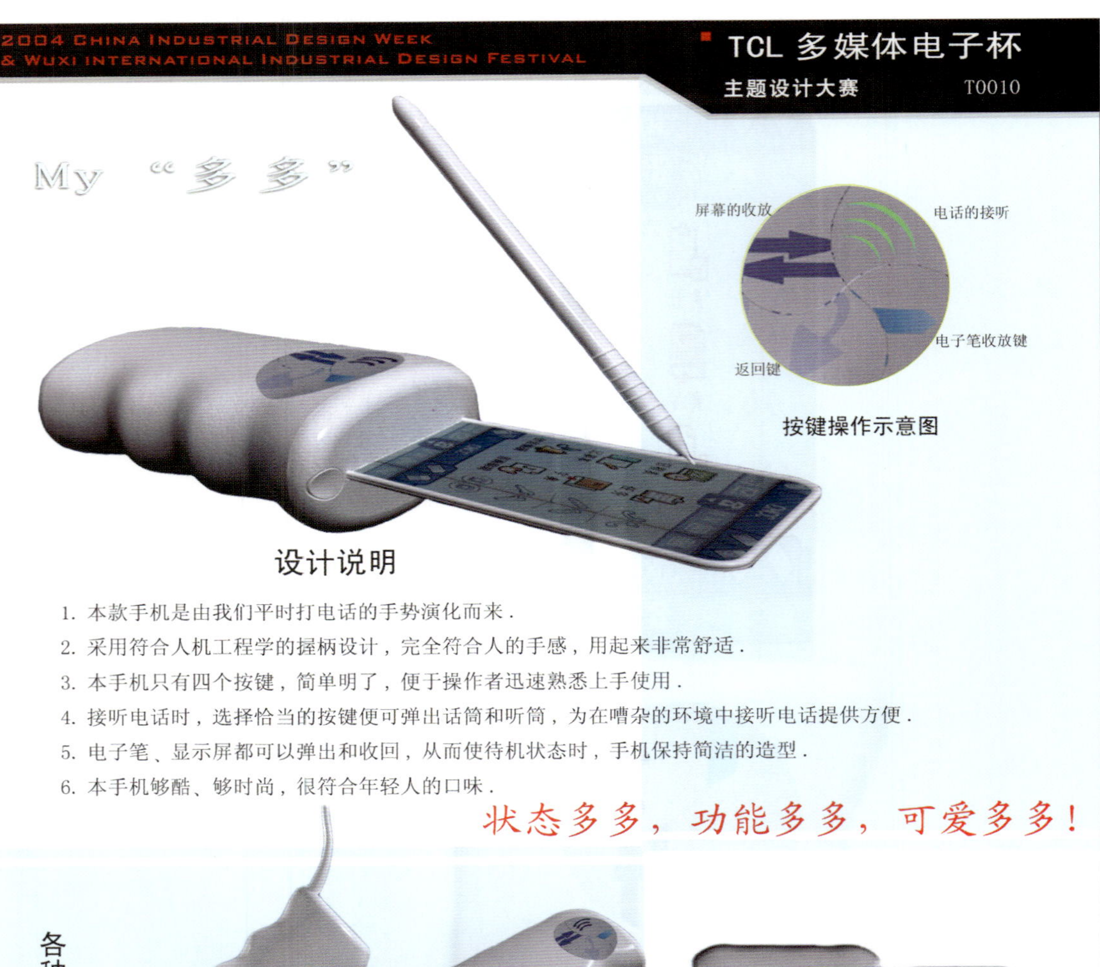

设计说明

1. 本款手机是由我们平时打电话的手势演化而来.
2. 采用符合人机工程学的握柄设计，完全符合人的手感，用起来非常舒适.
3. 本手机只有四个按键，简单明了，便于操作者迅速熟悉上手使用.
4. 接听电话时，选择恰当的按键便可弹出话筒和听筒，为在嘈杂的环境中接听电话提供方便.
5. 电子笔、显示屏都可以弹出和收回，从而使待机状态时，手机保持简洁的造型.
6. 本手机够酷、够时尚，很符合年轻人的口味.

状态多多，功能多多，可爱多多！

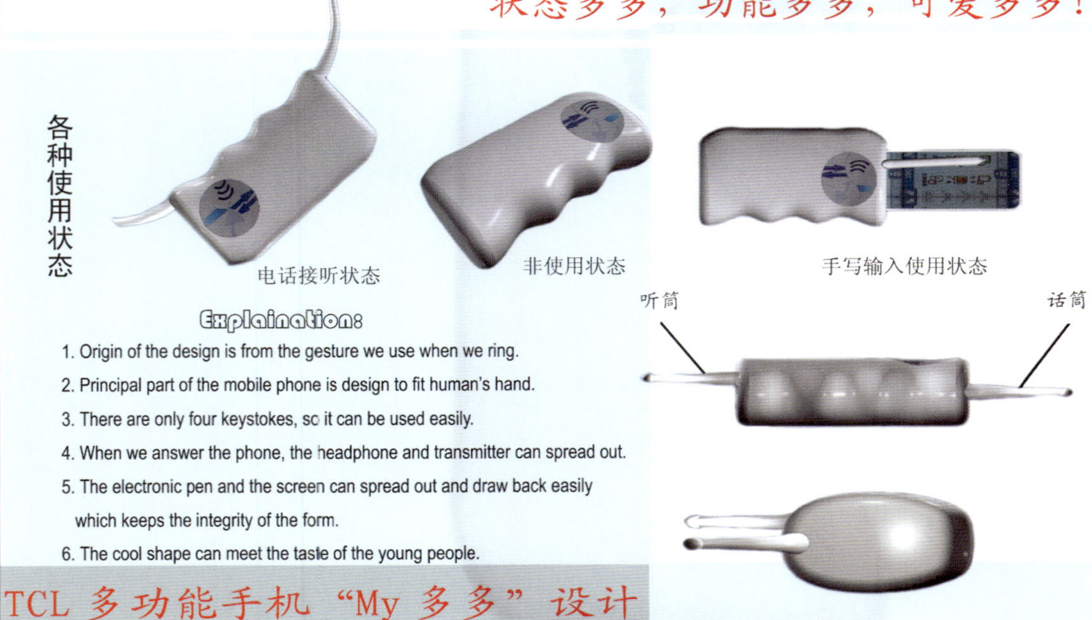

Explainations

1. Origin of the design is from the gesture we use when we ring.
2. Principal part of the mobile phone is design to fit human's hand.
3. There are only four keystokes, so it can be used easily.
4. When we answer the phone, the headphone and transmitter can spread out.
5. The electronic pen and the screen can spread out and draw back easily which keeps the integrity of the form.
6. The cool shape can meet the taste of the young people.

TCL 多功能手机"My 多多"设计

TCL 杯工业设计主题大赛

T0037

FOLLOWER

——客厅电话机设计

SHE LOVE YOU AS YOU LOVE HER……

设计说明

本产品是供客厅使用所设计的可视电话 --FOLLOWER。它外形独特新颖，可爱更是少不了的。可视屏幕的上方配有摄像头，拉近通话者的距离。显示屏幕通过金属管与机身连接，待机时，可折叠；通话时，显示屏可调整一定的角度。数字键的设计与整体协调，大方利落。同时它具有免提功能，你也可使用耳塞，它置于机身的凹下部分。本产品还有一个特点，其内部装有自动跟踪系统。来电时，即使是躲在角落的它，也会跑到你面前，通话期间，它还会跟在你的左右，来去自如．让我们使用起来更加方便，让沟通更有乐趣。

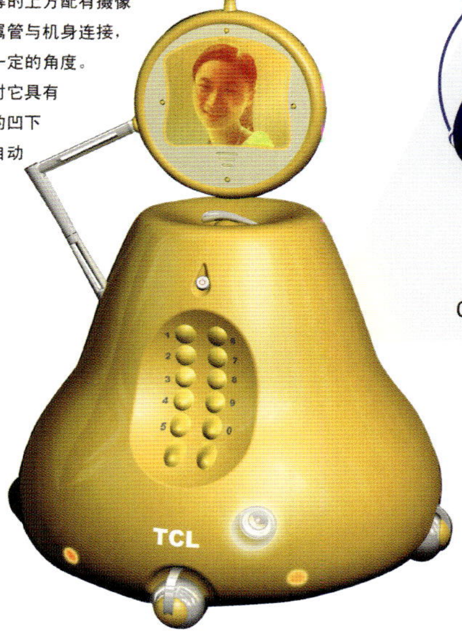

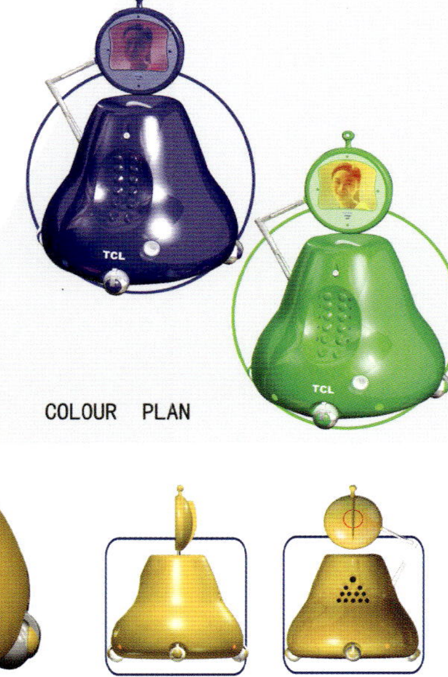

COLOUR PLAN

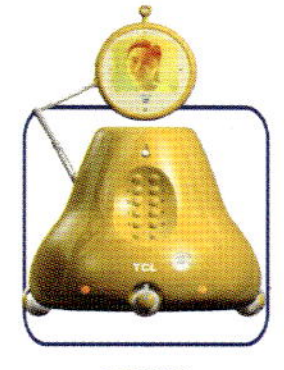

FRONT

LEFT

RIGHT

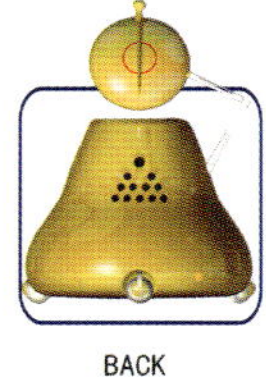

BACK

ON LINE

OFF LINE

Design Instruction

This product is a special design for drawing room. is a visible telephone -Follower. She has an uniq novelty and lovely figure. The video head is on the pside of screen. She can decrease the distance betwee interlocutors. The screen is connected to the bottom wi metal tube. When you are speaking, you can adjust the a gle of screen. If unused, she can be folded. Meanwhile t number key is matched to the whole design. When you are ca ling, you can use both unhold and earplug. The earplug is ixed on the head of fuselage. She has another feature, that she has four wheels at bottom. She has an auto-track system its inner. Though you hide it at corner, she would come out in front of you if there is a calling. When you are speakin he would follow you. Anyway, he can walk freely. He makes us m convenient, also makes the communication much funny.

摄像头

按键

耳塞

信号灯

轮子

TCL 杯工业设计主题大赛
数字互动新生活
T0040
家庭数字化概念
液晶电视设计
设计创意
该造型设计主要从数字化概念互动、消费者使用环境和使用方式作为主要设计方向。以亮、透、动关键词来体现设计主题，多采用新工艺及免喷涂材料和新的结构方式来体现产品的时尚性、环保性、适用性。利用机械缓动设计来体现产品的高科技含量及独创性，以多兼容多功能设计满足消费者使用，加以融合人性化的设计，以此来体现产品本身设计的内涵。
音箱可以伸缩
音箱可以伸缩
可以上下移动
图二
图三
动的原理
需要使产品自动，主要以全新的机械设计来体现，使用者只需要在遥控板或相应的操作界面上选择动的模式就可以达到自动的愿望，从而根据需要进行调节。以此体现产品的新奇。
使用材料：
透光玻璃、GE免喷涂环保材料、金属材料、金属网
加工工艺：
模内注塑、高光切削、表面拉丝、表面磨砂处理、玻璃切边处理、丝印、激光蚀刻
可以旋转
图一
动
整机可以左右转动（如图一），从而可以满足不同的观看角度。
音箱可以左右伸缩（如图二）在伸缩的过程中可以转换声道从而满足家庭影院声道模式的选择。
整机可以沿着柱子上下缓动（如图三）从而可以根据需要调节屏幕的高度。
侧置吸入式DVD设计，体现简洁方便容易操作
操作界面采用蓝光感应键，时尚简洁，在夜间容易操作。从而体现人性化设计，在此安装电子像册功能（插存储卡） 以此增加产品功能
此界面主要是与各种电子消费产品互相兼容使用的端子接口，包括与电脑、DVD、各种家庭影院音响，以此体现该产品的使用广泛兼容性，从而满足使用者的需要
体现的另一个方面是该产品的底座，可以拆卸挂在墙上节省使用空间，安上底座可以落地使用，从而满足不同消费者需要
顶视图
侧视图
后视图
立柱正视图

2004 CHINA INDUSTRIAL DESIGN WEEK
& WUXI INTERNATIONAL INDUSTRIAL DESIGN FESTIVAL

TCL多媒体电子杯
工业设计主题大赛　T0049

自由分配式数字定时电源插座

NEW-SOCKET

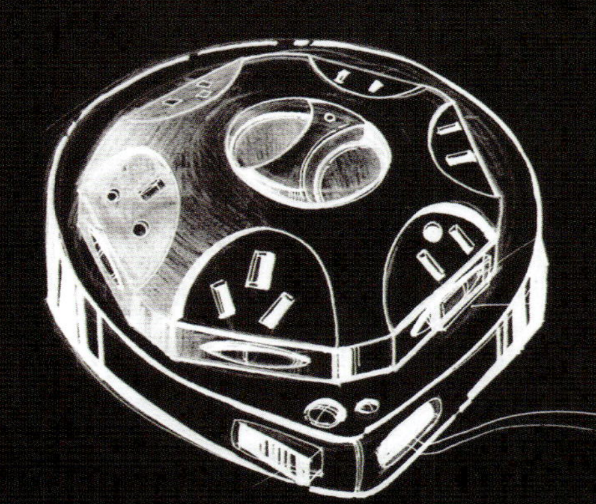

- 自由分配式数字定时电源插座拥有简洁的圆弧造型，除了符合普通电源插座的使用要求外，
- 更增加了人性化的定时功能；清晰精确且简单识别的数字液晶显示系统能够让人们随心所欲地控制每一个插孔的电源接通和关闭．并提供安全超载保护电压显示，大大提高其安全使用性．
- 其底部内置旋转收线设计避免了较长电源线的外露问题，使人们的居家空间更为简洁舒适．
- 顶部的网格旋转结构可起到防尘作用，而且也可防止幼儿的触碰．

- 节省空间小型化设计
- 体积轻巧，功能强大
- 现代感圆弧设计
- 多样化色彩选择
- 方便的旋转收线功能
- 高清晰指示液晶屏
- 网格旋转防尘保护盖

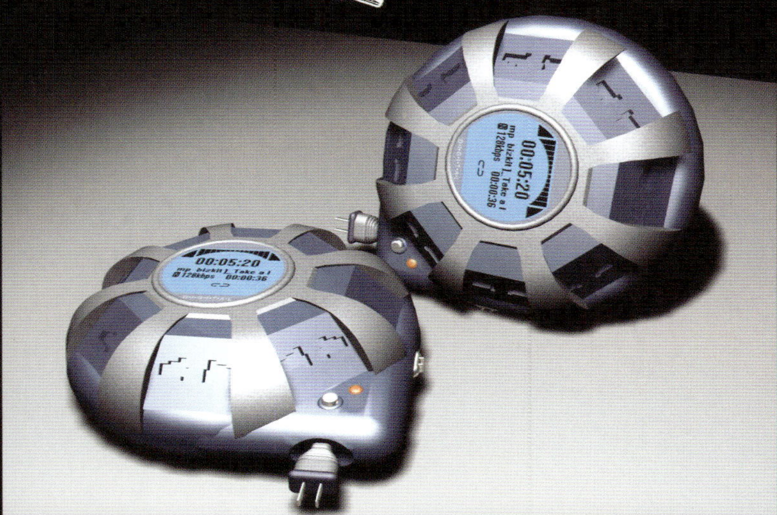

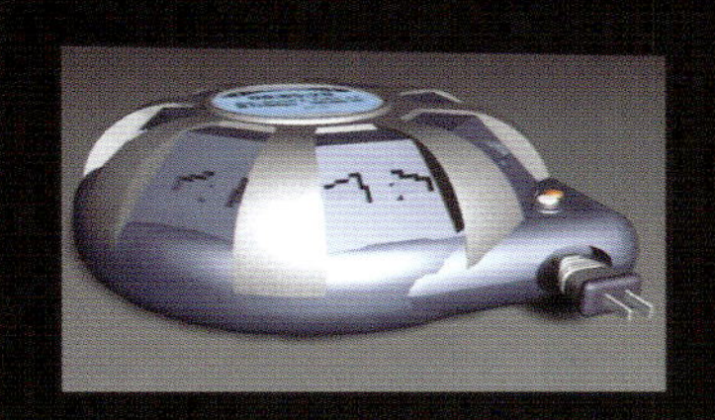

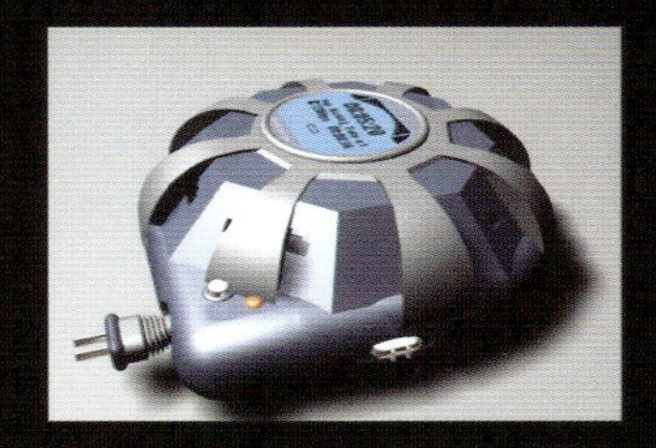

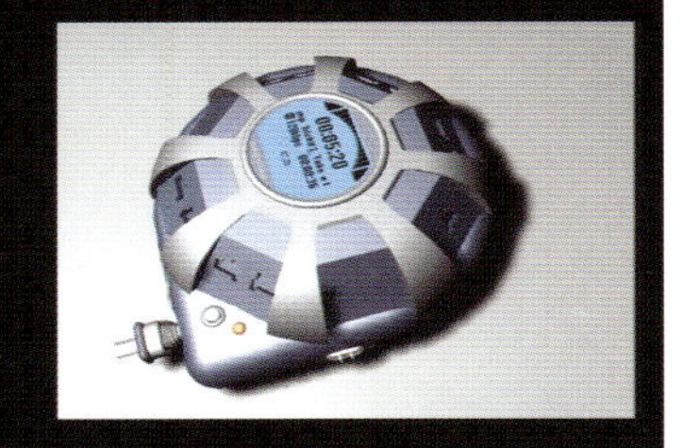

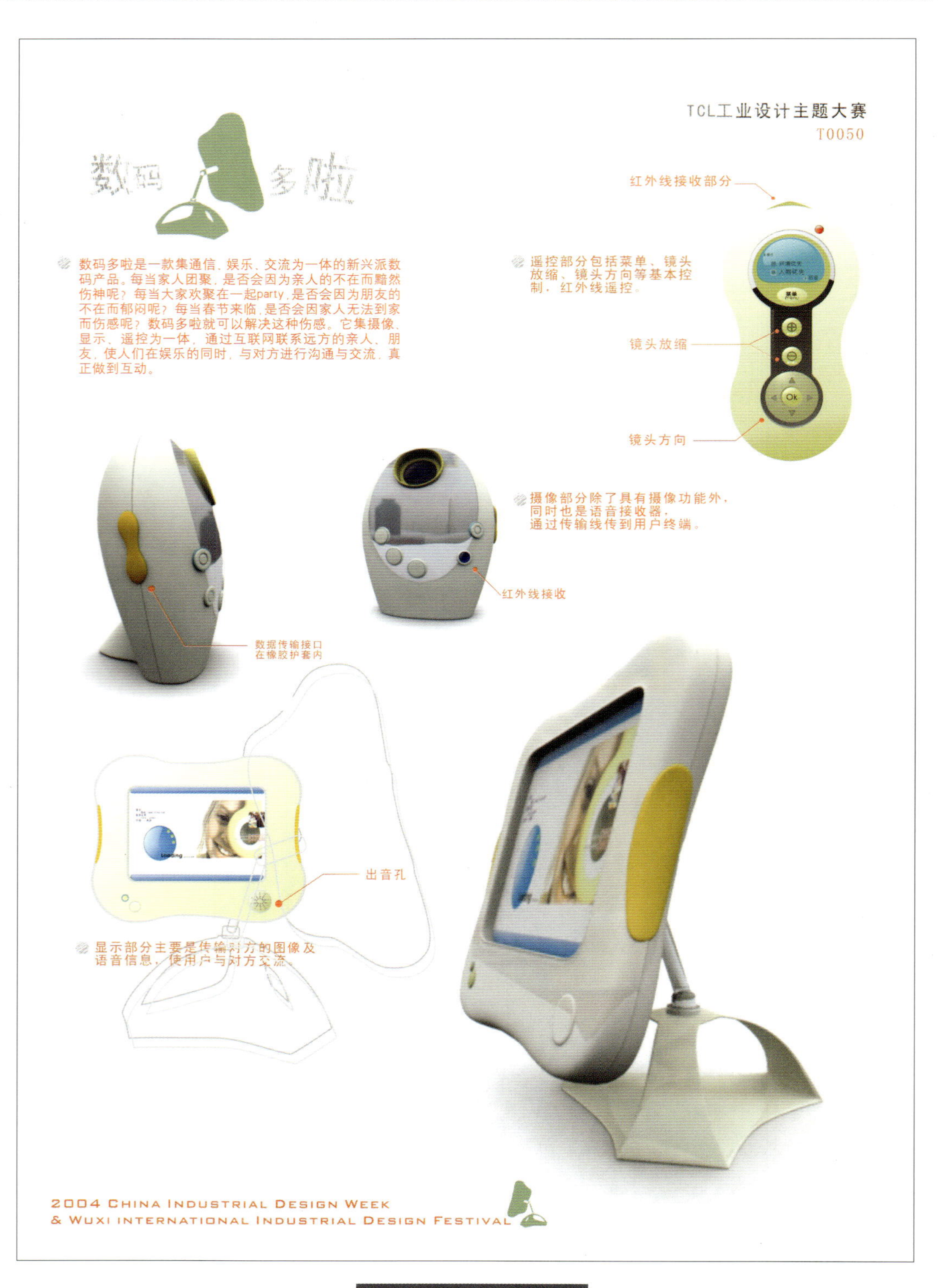
TCL工业设计主题大赛
T0050
数码多啦
数码多啦是一款集通信、娱乐、交流为一体的新兴派数码产品。每当家人团聚，是否会因为亲人的不在而黯然伤神呢？每当大家欢聚在一起party，是否会因为朋友的不在而郁闷呢？每当春节来临，是否会因家人无法到家而伤感呢？数码多啦就可以解决这种伤感。它集摄像、显示、遥控为一体，通过互联网联系远方的亲人、朋友，使人们在娱乐的同时，与对方进行沟通与交流，真正做到互动。
红外线接收部分
遥控部分包括菜单、镜头放缩、镜头方向等基本控制，红外线遥控。
镜头放缩
镜头方向
摄像部分除了具有摄像功能外，同时也是语音接收器，通过传输线传到用户终端。
红外线接收
数据传输接口
在橡胶护套内
出音孔
显示部分主要是传输对方的图像及语音信息，使用户与对方交流。
2004 China Industrial Design Week
& Wuxi International Industrial Design Festival

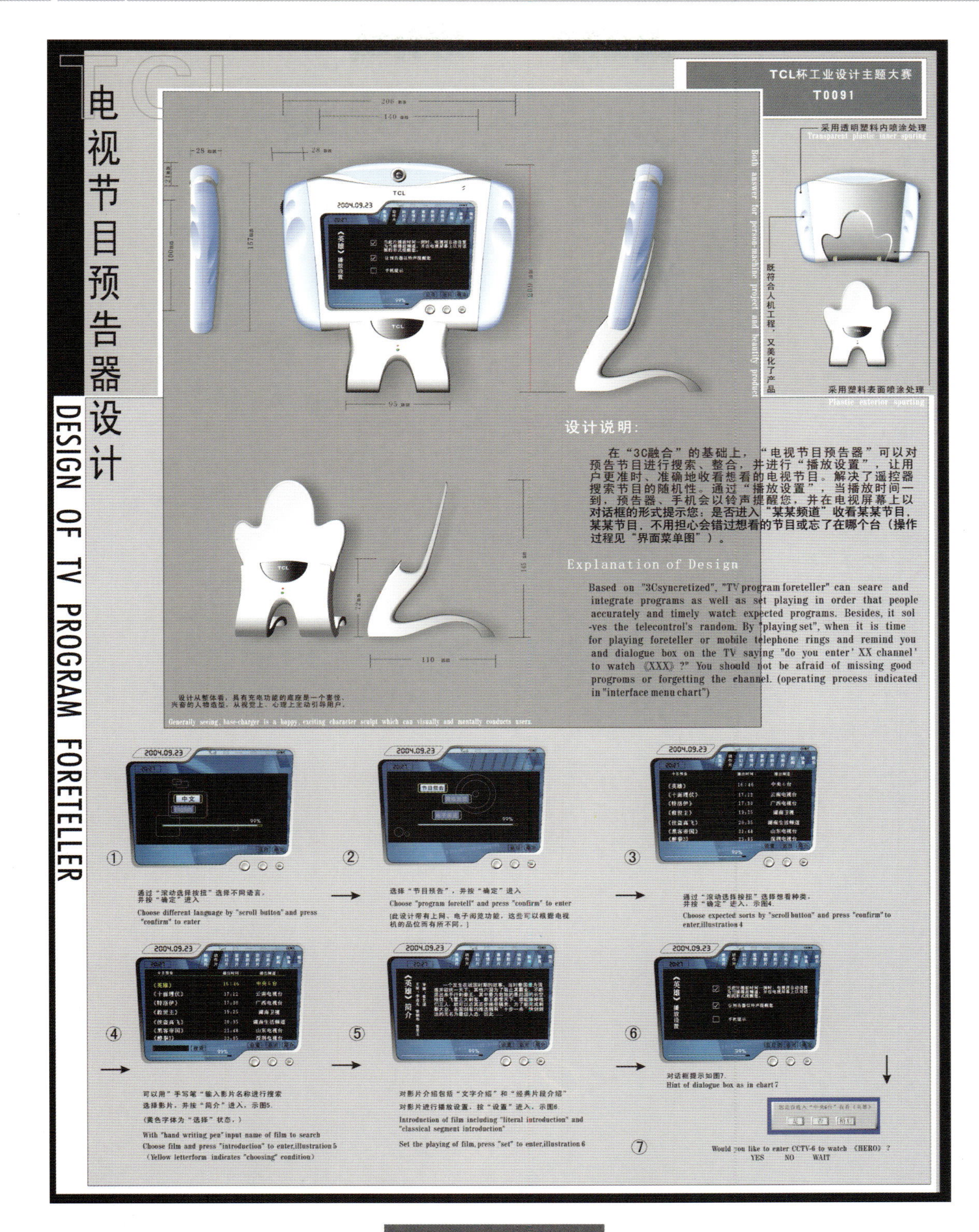
TCL杯工业设计主题大赛
T0091
电视节目预告器设计
DESIGN OF TV PROGRAM FORETELLER
采用透明塑料内喷涂处理
Transparent plastic inner spurting
既符合人机工程，又美化了产品
Both answer for person-machine project and beautify product
采用塑料表面喷涂处理
Plastic exterior spurting
设计从整体看，具有充电功能的底座是一个喜悦、兴奋的人物造型，从视觉上、心理上主动引导用户。
Generally seeing, base-charger is a happy, exciting character sculpt which can visually and mentally conducts users.
设计说明：
在“3C融合”的基础上，“电视节目预告器”可以对预告节目进行搜索、整合，并进行“播放设置”，让用户更准时、准确地收看想看的电视节目。解决了遥控器搜索节目的随机性。通过“播放设置”，当播放时间一到，预告器、手机会以铃声提醒您，并在电视屏幕上以对话框的形式提示您：是否进入“某某频道”收看某某节目。某某节目，不用担心会错过想看的节目或忘了在哪个台（操作过程见“界面菜单图”）。
Explanation of Design
Based on "3Csyncretized", "TV program foreteller" can searc and integrate programs as well as set playing in order that people accurately and timely watch expected programs. Besides, it sol-ves the telecontrol's random. By "playing set", when it is time for playing foreteller or mobile telephone rings and remind you and dialogue box on the TV saying "do you enter' XX channel' to watch 《XXX》?" You should not be afraid of missing good programs or forgetting the channel. (operating process indicated in "interface menu chart")
① 通过“滚动选择按扭”选择不同语言，并按“确定”进入
Choose different language by "scroll button" and press "confirm" to enter
② 选择“节目预告”，并按“确定”进入
Choose "program foretell" and press "confirm" to enter
[此设计带有上网、电子阅览功能，这些可以根据电视机的品位而有所不同。]
③ 通过“滚动选择按扭”选择想看种类，并按“确定”进入，示图4.
Choose expected sorts by "scroll button" and press "confirm" to enter,illustration 4
④ 可以用”手写笔“输入影片名称进行搜索
选择影片，并按“简介”进入，示图5.
(黄色字体为“选择”状态，)
With "hand writing pen" input name of film to search
Choose film and press "introduction" to enter,illustration 5
(Yellow letterform indicates "choosing" condition)
⑤ 对影片介绍包括“文字介绍”和“经典片段介绍”
对影片进行播放设置，按“设置”进入，示图6.
Introduction of film including "literal introduction" and "classical segment introduction"
Set the playing of film, press "set" to enter,illustration 6
⑥ 对话框提示如图7.
Hint of dialogue box as in chart 7
⑦ Would you like to enter CCTV-6 to watch 《HERO》?
YES NO WAIT

TCL杯工业设计主题大赛

T0101

Simple Life集数字电视、量子计算机、IP电话于一体，采用竹作为外壳材料。

摄像头既可用于网络视频，也可用于视频电话。

音像、计算机以及其他相关硬件置于两边的竹筒内。除了机身主体外，还有无线键盘和鼠标等附件。

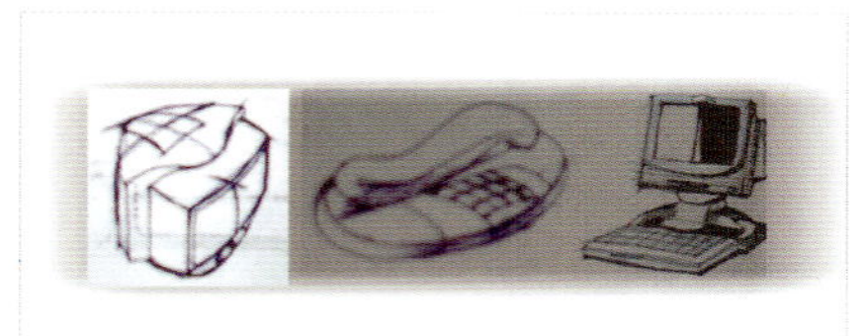

既是遥控器，也是电话。外壳采用竹。取走它，电视打开；放回它，电视关闭。打完电话后，可以保存谈话内容。

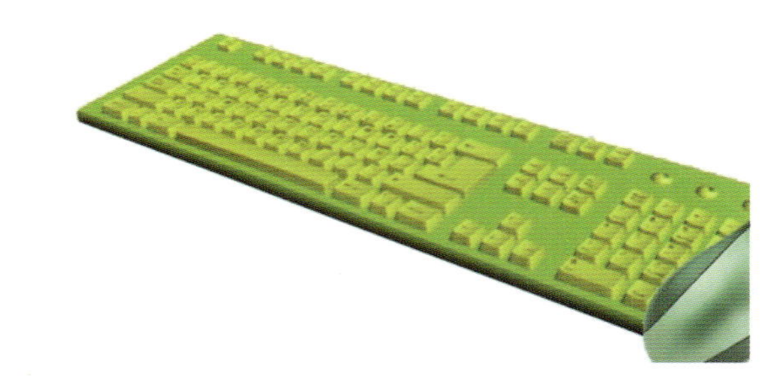

采用通俗易懂的图形菜单：

TCL_Simple Life

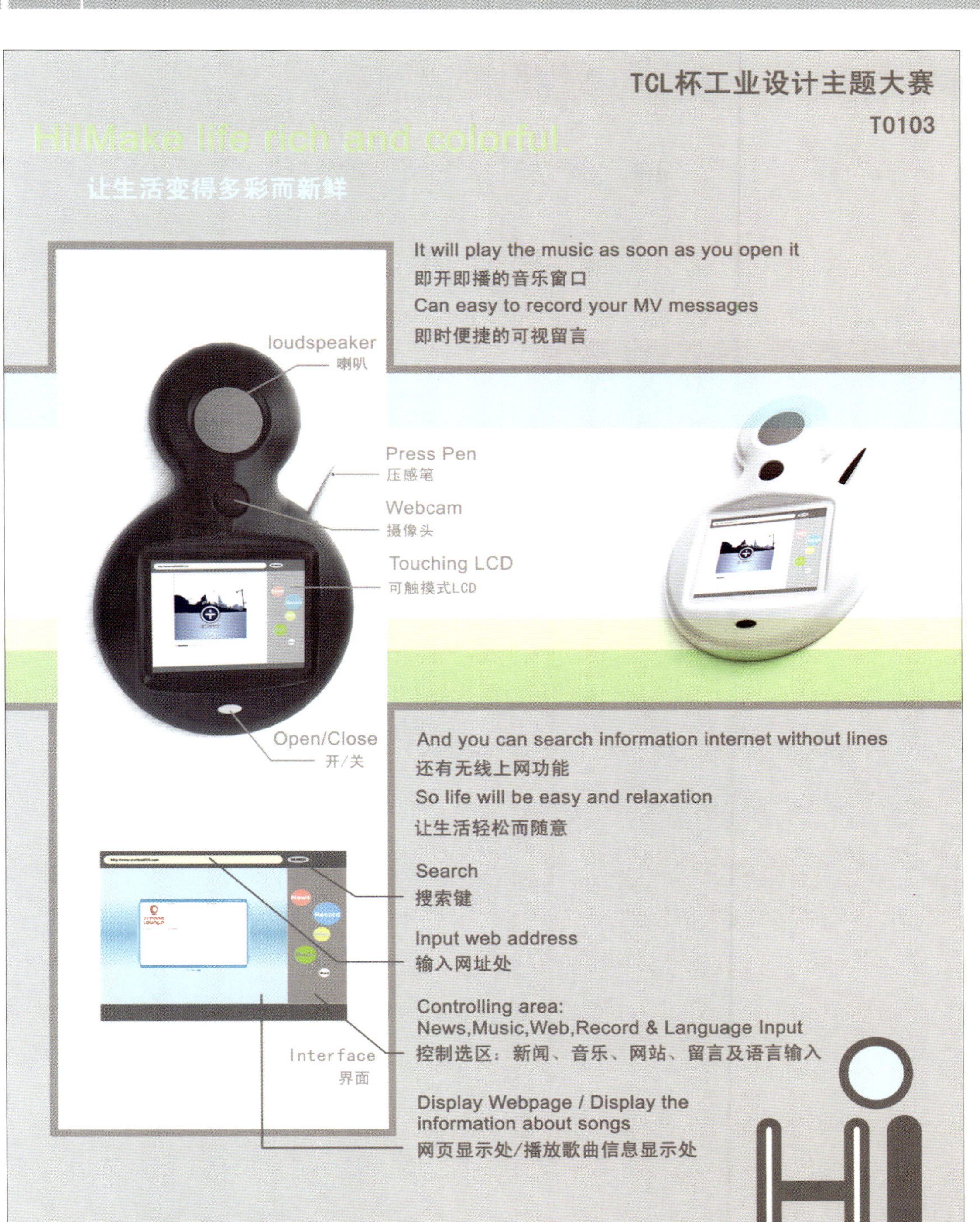
TCL杯工业设计主题大赛
T0103
Hi!Make life rich and colorful.
让生活变得多彩而新鲜
It will play the music as soon as you open it
即开即播的音乐窗口
Can easy to record your MV messages
即时便捷的可视留言
loudspeaker
喇叭
Press Pen
压感笔
Webcam
摄像头
Touching LCD
可触摸式LCD
Open/Close
开/关
And you can search information internet without lines
还有无线上网功能
So life will be easy and relaxation
让生活轻松而随意
Search
搜索键
Input web address
输入网址处
Controlling area:
News,Music,Web,Record & Language Input
控制选区：新闻、音乐、网站、留言及语言输入
Interface
界面
Display Webpage / Display the information about songs
网页显示处/播放歌曲信息显示处
Hi

2004 China Industrial Design Week
& Wuxi International Industrial Design Festival

TCL杯工业设计
主题设计大赛

T0116

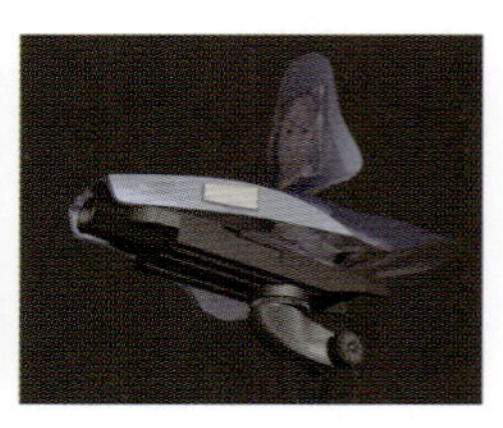

传统的视频电话双方只能通过一个呆板的角度获得对方的图像或信息。这是现今视频产品的一种缺点，需要一种更为灵活的设计或产品改进这一缺点。

我设计的核心就是让视频、让数字接触真正“动”起来！

数码伴侣与“窗”元素之间是以无线蓝牙技术连接。内部装有摄像头麦克风。小的液晶屏。靠电动机带动的履带移动。头部可以360度旋转。中间可以上下移动为液压制动。

The bluetooth in lead in technique is used between 数码伴侣 and television .it includes camear microphone .the small LCD holds .

Moving use track by the electric motor.

可以让网络购物更为方便。以往的网络购物只能给消费者提供单一的照片菜单。使消费者很被动地接受一件并不怎么了解的商品。消费者可以远程连接销售商的数码伴侣，对商品进行全方位的外观了解。更为详细地了解商品。

在个人PC与数字电视的结合中。WINDOWS式操纵方式是最人机 简洁的界面。新的遥控器可以收缩为鼠标与传统遥控器两种方式。
遥控器与数码伴侣和“窗”元素之间靠无线电连接。体积更小耗电更少。

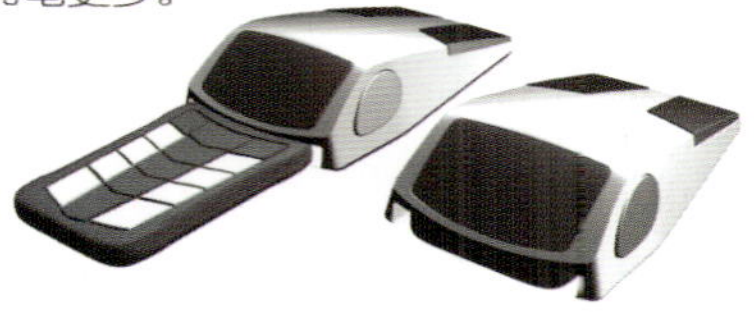

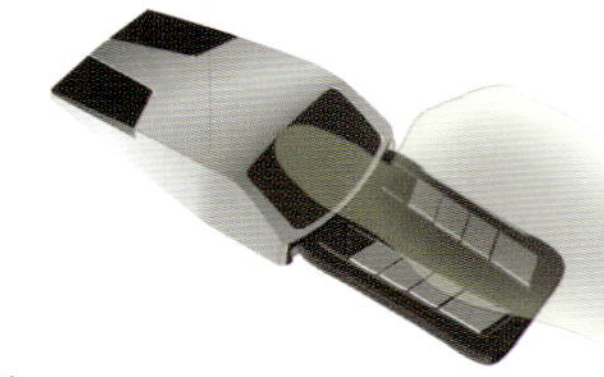

中国古代文化与现代的结合。以中国古代窗户为灵感。可以折叠使用、摆放与悬挂。

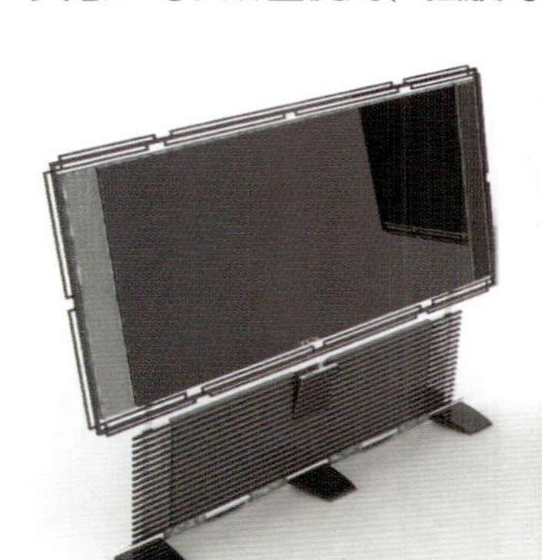

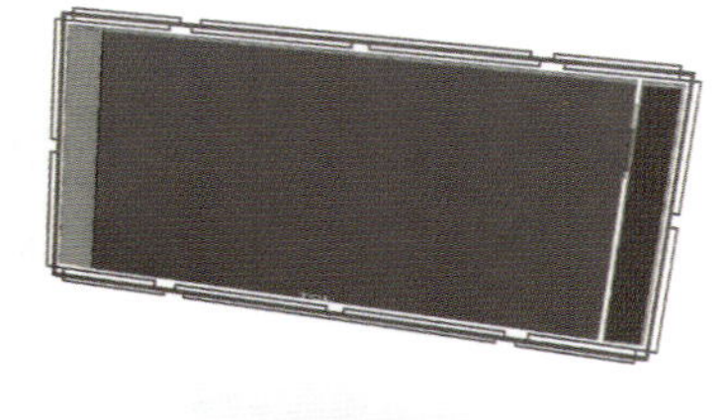

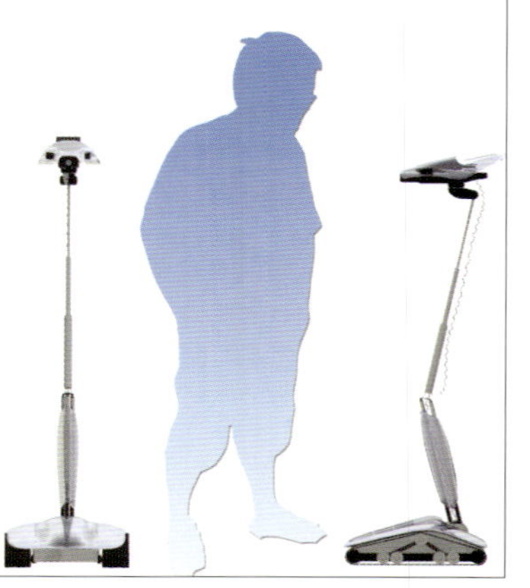

The inspiration is from the reqarel ancient window of chain.

Combination chinese ancient culture with moden.product.

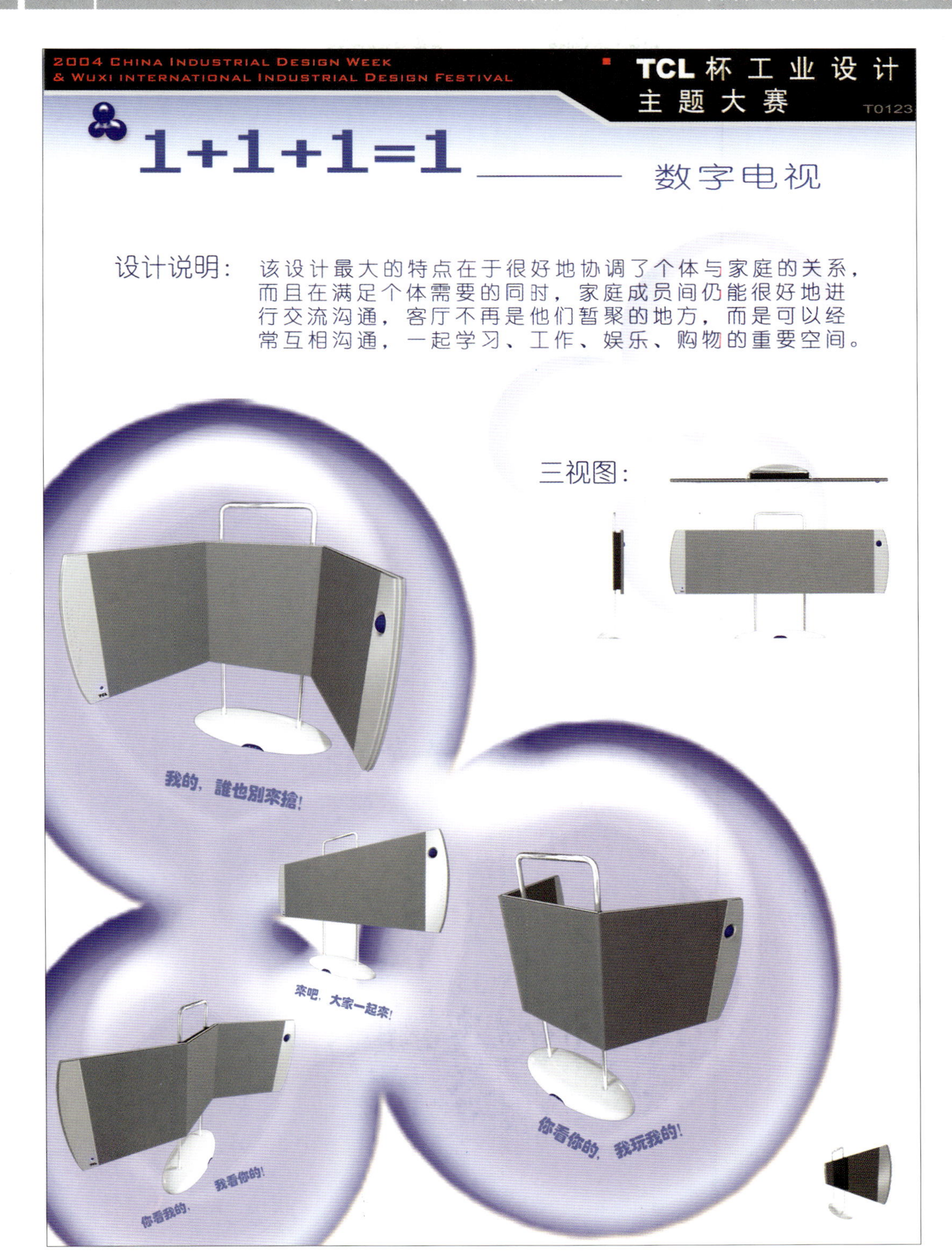
2004 China Industrial Design Week
& Wuxi International Industrial Design Festival
TCL杯工业设计
主题大赛
T0123
1+1+1=1
数字电视
设计说明：该设计最大的特点在于很好地协调了个体与家庭的关系，而且在满足个体需要的同时，家庭成员间仍能很好地进行交流沟通，客厅不再是他们暂聚的地方，而是可以经常互相沟通，一起学习、工作、娱乐、购物的重要空间。
三视图：
我的，誰也別來搶！
來吧，大家一起來！
你看你的，我玩我的！
你看我的，
我看你的！

2004 CHINA INDUSTRIAL DESIGN WEEK
& WUXI INTERNATIONAL INDUSTRIAL DESIGN FESTIVAL

TCL杯工业设计
主题设计大赛 T0124

双人或多人模式

设计说明：

1 名称：

这是一台用于客厅的多功能娱乐休闲信息终端

2 功能：

当家里人围在一起喝茶聊天时，此产品成为很好的媒介（尤其适用于老年人）
双人模式或四人模式下可以与朋友围坐四端下棋、玩牌
单人模式下也可以和电脑玩牌下棋，
还可以上网看新闻、看股市行情、看电影

桌面上的凹槽可以防止茶杯的滑落
触摸式显示器位于桌面中央，一切操作在显示器上解决，免去了键盘操作的烦恼

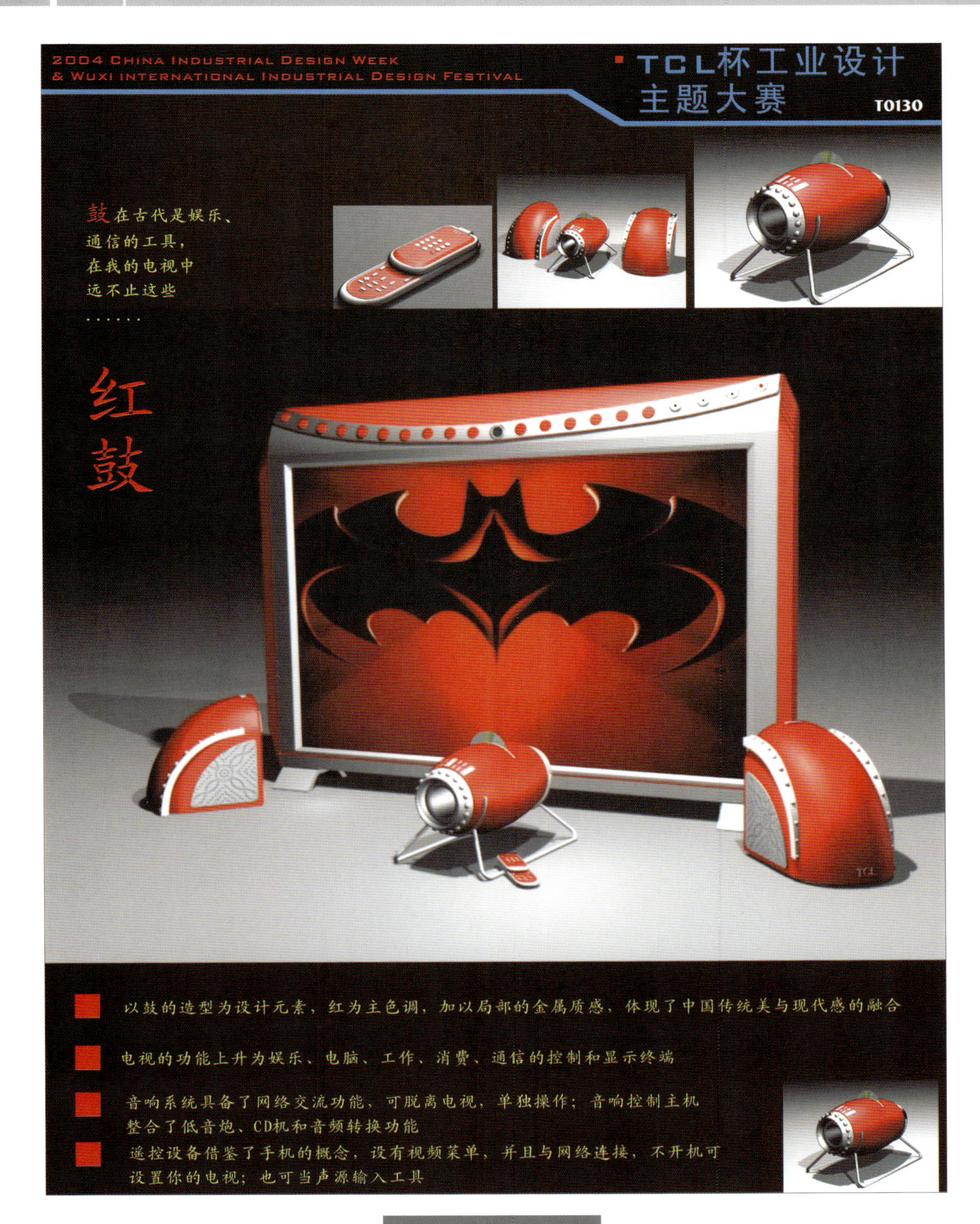
2004 CHINA INDUSTRIAL DESIGN WEEK
& WUXI INTERNATIONAL INDUSTRIAL DESIGN FESTIVAL
TCL杯工业设计
主题大赛
T0130
鼓在古代是娱乐、
通信的工具，
在我的电视中
远不止这些
……
红
鼓
以鼓的造型为设计元素，红为主色调，加以局部的金属质感，体现了中国传统美与现代感的融合
电视的功能上升为娱乐、电脑、工作、消费、通信的控制和显示终端
音响系统具备了网络交流功能，可脱离电视，单独操作；音响控制主机
整合了低音炮、CD机和音频转换功能
遥控设备借鉴了手机的概念，设有视频菜单，并且与网络连接，不开机可
设置你的电视；也可当声源输入工具

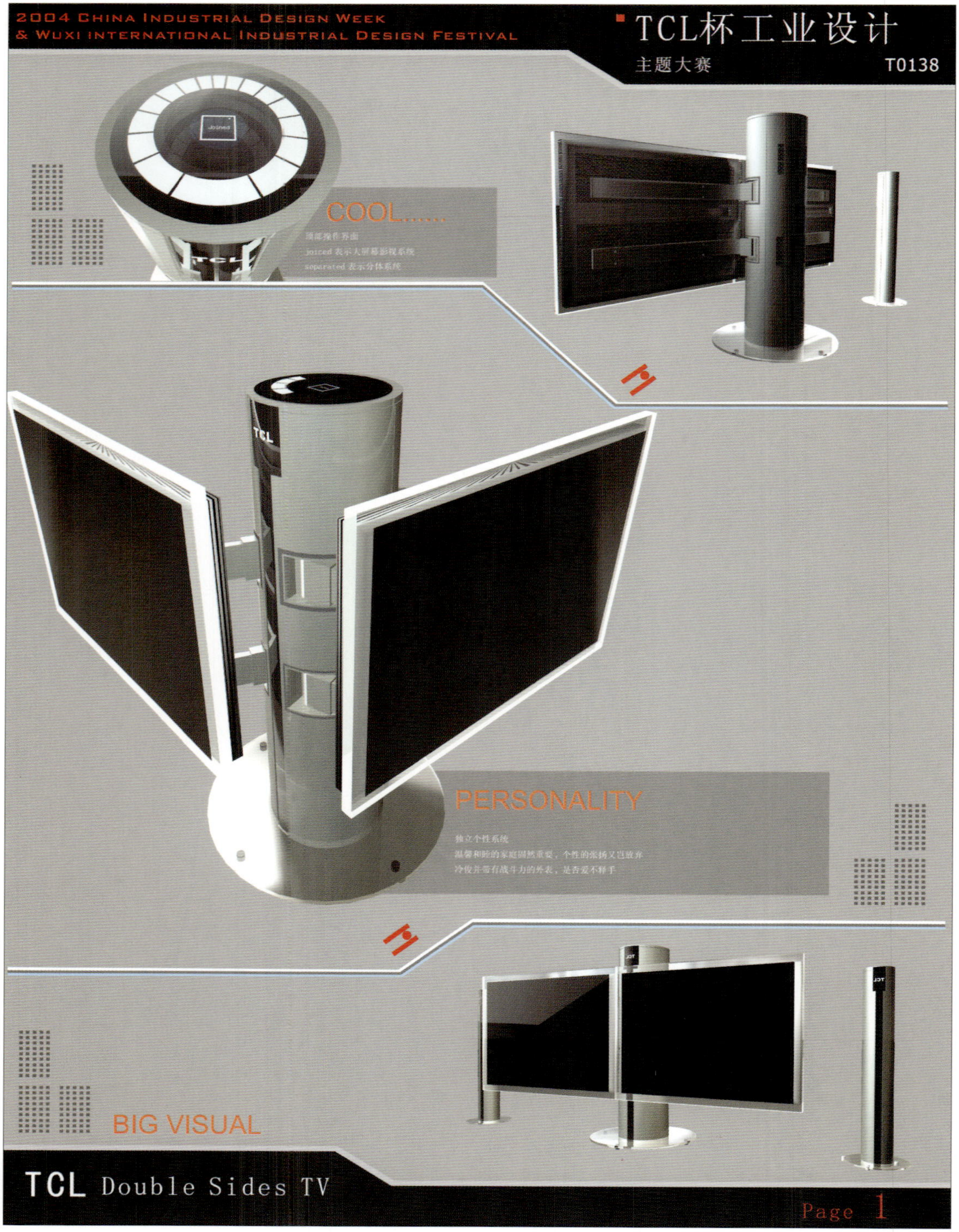

2004 CHINA INDUSTRIAL DESIGN WEEK
& WUXI INTERNATIONAL INDUSTRIAL DESIGN FESTIVAL

TCL杯工业设计
主题大赛 T0138

COOL......
顶部操作界面
joined 表示大屏幕影视系统
separated 表示分体系统

PERSONALITY
独立个性系统
温馨和睦的家庭固然重要，个性的张扬又岂能弃
冷傲并带有战斗力的外表，是否爱不释手

BIG VISUAL

TCL Double Sides TV

Page 1

2004 CHINA INDUSTRIAL DESIGN WEEK
& WUXI INTERNATIONAL INDUSTRIAL DESIGN FESTIVAL
TCL杯工业设计
主题大赛
T0150
数码棋盘——棋魂
设计说明
本设计主要传达传统文化与尖端科技结合的意念，
古典、高雅的实木棋盘与先进的个人电脑得到糅合，
打破科技的冰冷。同时给电脑一种新的造型材料，既
环保又高贵。无论作为家居陈设，还是个性化产品都是
相得益彰。
两人对弈
一人也对弈
1. 通过网络连接，可以上网会棋友
看新闻等
2. 显示屏采用触屏技术，给人真实
棋感
3. 用触摸板结合触摸屏幕取代了鼠标

2004 CHINA INDUSTRIAL DESIGN WEEK
& WUXI INTERNATIONAL INDUSTRIAL DESIGN FESTIVAL
TCL多媒体电子杯
工业设计主题大赛 T0158
Power Box
——滚动的音乐
"Power Box——滚动的音乐"是一款可以随处滚动的时尚小音箱，可以与电脑、电视等家用多媒体无线接入，有效地解决了家用电器繁复的电线接入。同时具有无线视频输出功能，可与电视、投影仪接驳。
"Power Box"兼具CD、MP3和收音机等小功能，让你无论任何时间、任何地点，想来点音乐，就来点音乐。
随处而放
随心而安
"Power Box"的内胆可绕纵向轴旋转，可以将隐藏在内的USB接口和电池仓盖显示出来。
其他功能键全都集中在配备的遥控上。不管它在什么地方，你总能把它建出来。
WYVERN DESIGN

2004 CHINA INDUSTRIAL DESIGN WEEK
& WUXI INTERNATIONAL INDUSTRIAL DESIGN FESTIVAL

TCL多媒体电子杯
工业设计主题大赛　T0159

太极挂钟 Clock Design

"太极"者
阴阳调和
气血畅达
阴阳合德
而钢柔有体
钢柔相推而生变化
变则通
通则久
气活则韵胜
韵胜则有神

傳統、現代之交融

WYVERN DESIGN

功能介绍

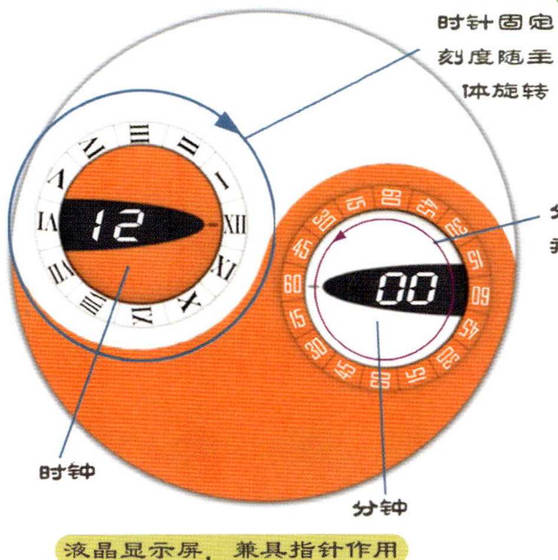

液晶显示屏，兼具指针作用

工作状态演示

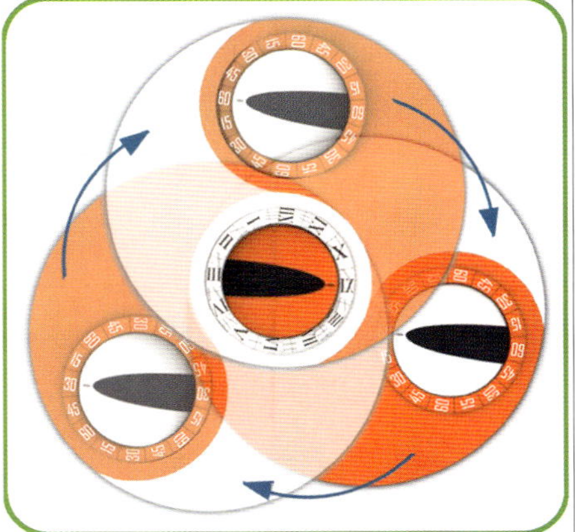

八种时间状态

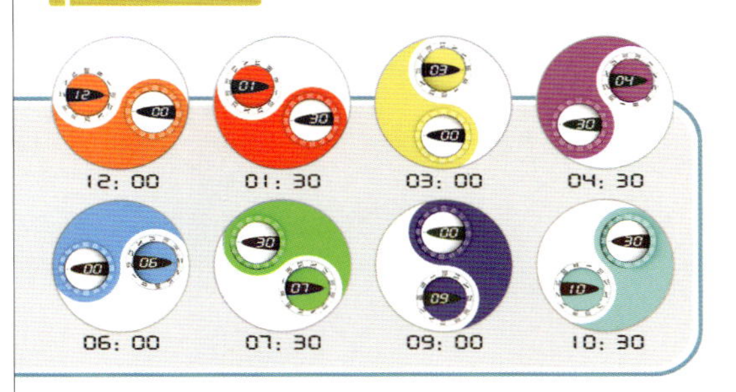

尺寸图

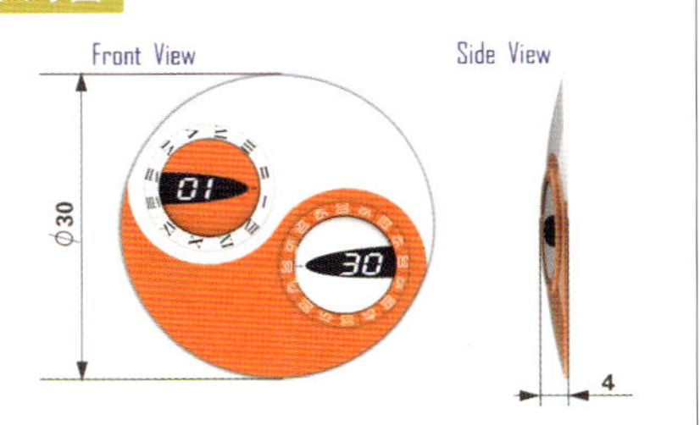

2004 CHINA INDUSTRIAL DESIGN WEEK
& WUXI INTERNATIONAL INDUSTRIAL DESIGN FESTIVAL

TCL杯工业设计主题大赛

T0168

MASTER是一个未来家庭不可缺少的多媒体娱乐中心（桌面娱乐系统）。它集网络、游戏、视频、音乐于一身，是在客厅内与亲人朋友一起休闲娱乐的最佳多媒体互动平台。

THE MASTER IS AN INDISPENSABLE MULTI-MEDIA AMUSEMENT CENTER IN A FUTURE FAMILY [TABLE'S TOP AMUSEMENT SYSTEM] IT GATHER THE NETWORK, GAME, VIDEO AND MUSIC FUNCTIONS IN WHOLE BODY.SO IT IS THE BEST MULTI-MEDIA INTERACTIVE TERRACE THAT WE CAN PLAY WITH OUR RELATIVES AND FRIENDS TOGETHER IN THE LIVING ROOM.

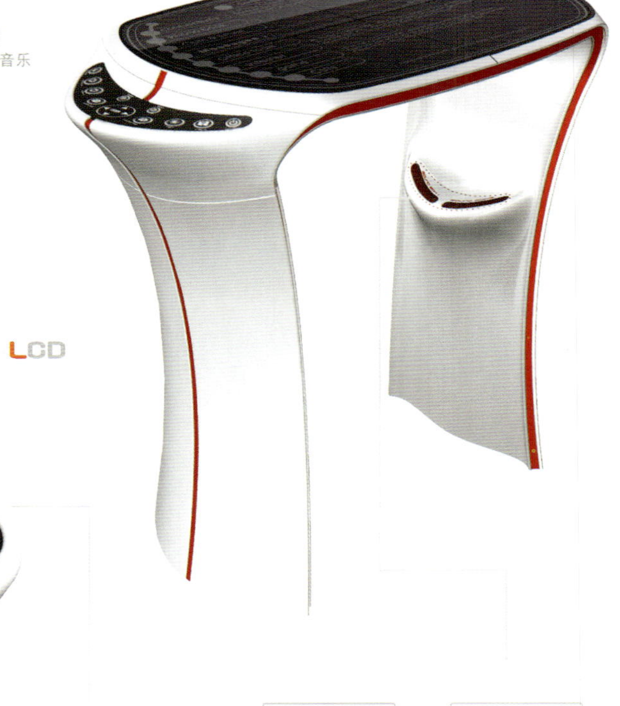

LCD

CONTROL PANEL

SOUND BOX

SINGLE MODE

DOUBLE MODE

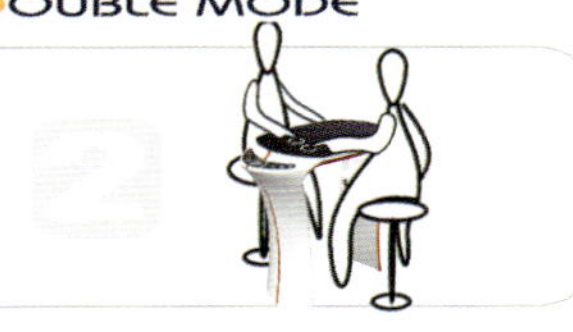

MANY PERSEN MODE

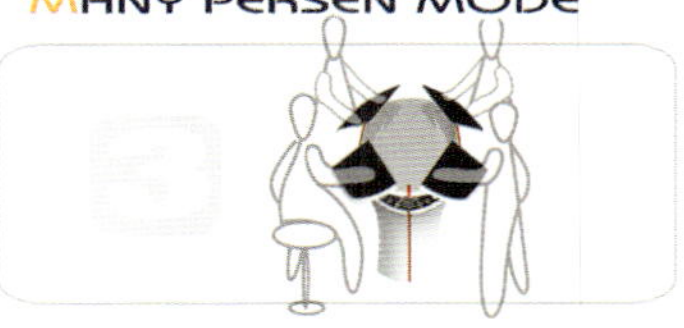

2004 CHINA INDUSTRIAL DESIGN WEEK
& WUXI INTERNATIONAL INDUSTRIAL DESIGN FESTIVAL

TCL数字互动新生活
主题设计大赛　T0174

设计特点：

COLOURFUL DAYS综合了小型数字电视、数字相册、MP3播放器、拍摄、摄像等多种功能，可通过按钮或触屏笔输入命令，与家中多种家用电器联网工作，随时掌控家中电器工作状况。

简单而小巧的"COLOURFUL DAYS"不受地点等因素的影响，让你随时随地享受休闲乐趣，沟通无限。

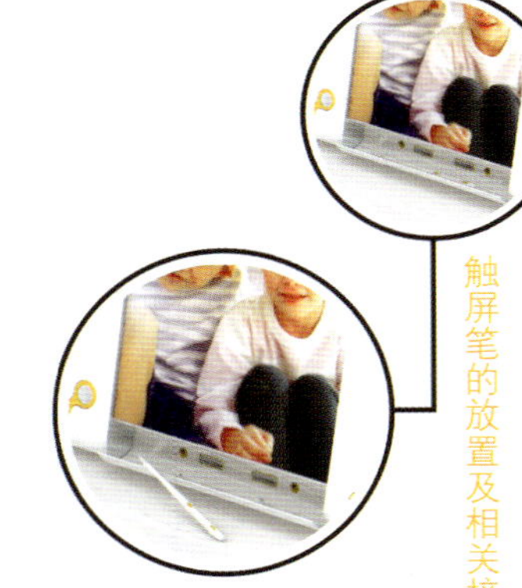

触屏笔的放置及相关接口

显示屏可有90至120度的可视调节

MINI数字电视

COLOURFUL DAYS

COLOURFUL DAYS

T0177

TCL 杯工业设计主题设计大赛

本设计是未来家庭用电话，灵感来源于蝙蝠通过发出超声波对猎物作出定位，并运用超音速扬声器(Hypersonic Sound emitter，简称 HSS 扬声器)技术设计完善而成。

在“天堂”系统中，经过定位系统对用户进行空间定位后，HSS 扬声器便将声音、声波向激光束一样精确地传送给人群中的特定对象而不影响其他人，这样，用户无须走近拿起话筒都可以如天堂般自由地与他人沟通与交流。

电话来电

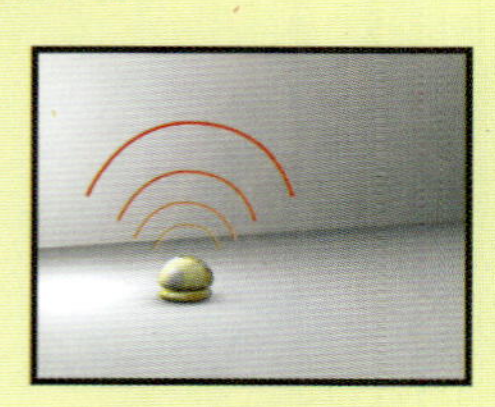

“天堂”发出声波，定位接听者位置

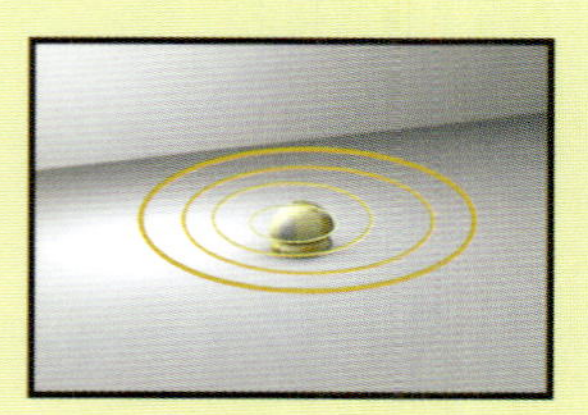

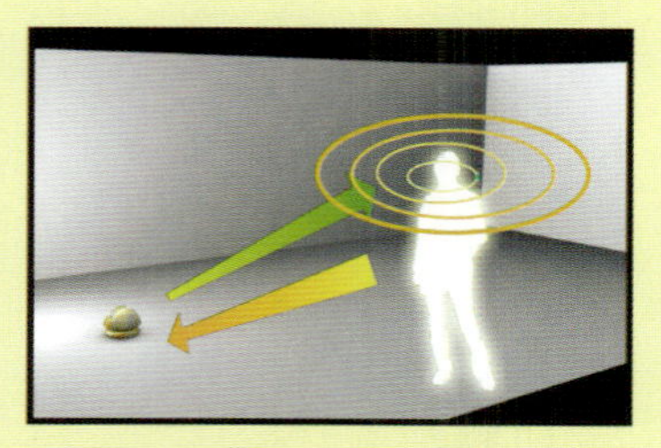

接听者应答接听，无须走近，即可随时随地与他人沟通交流

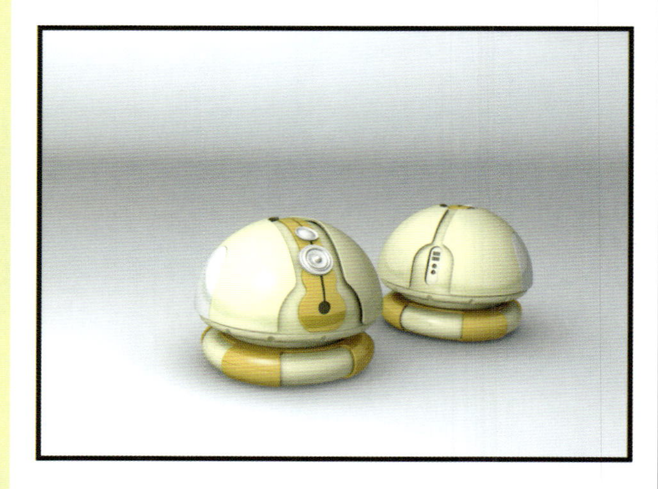

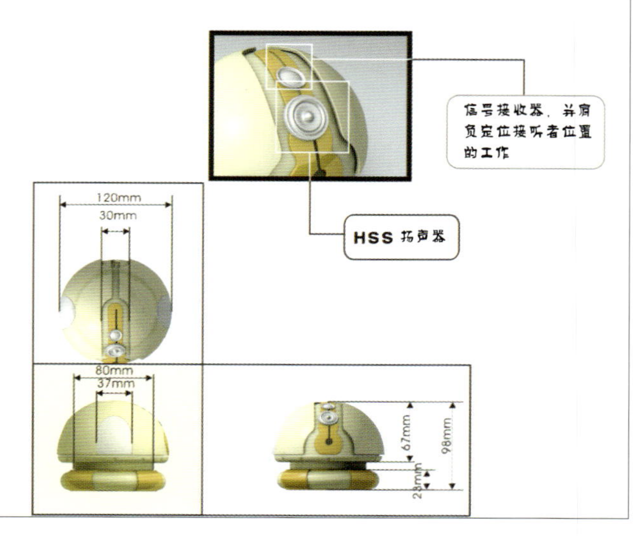

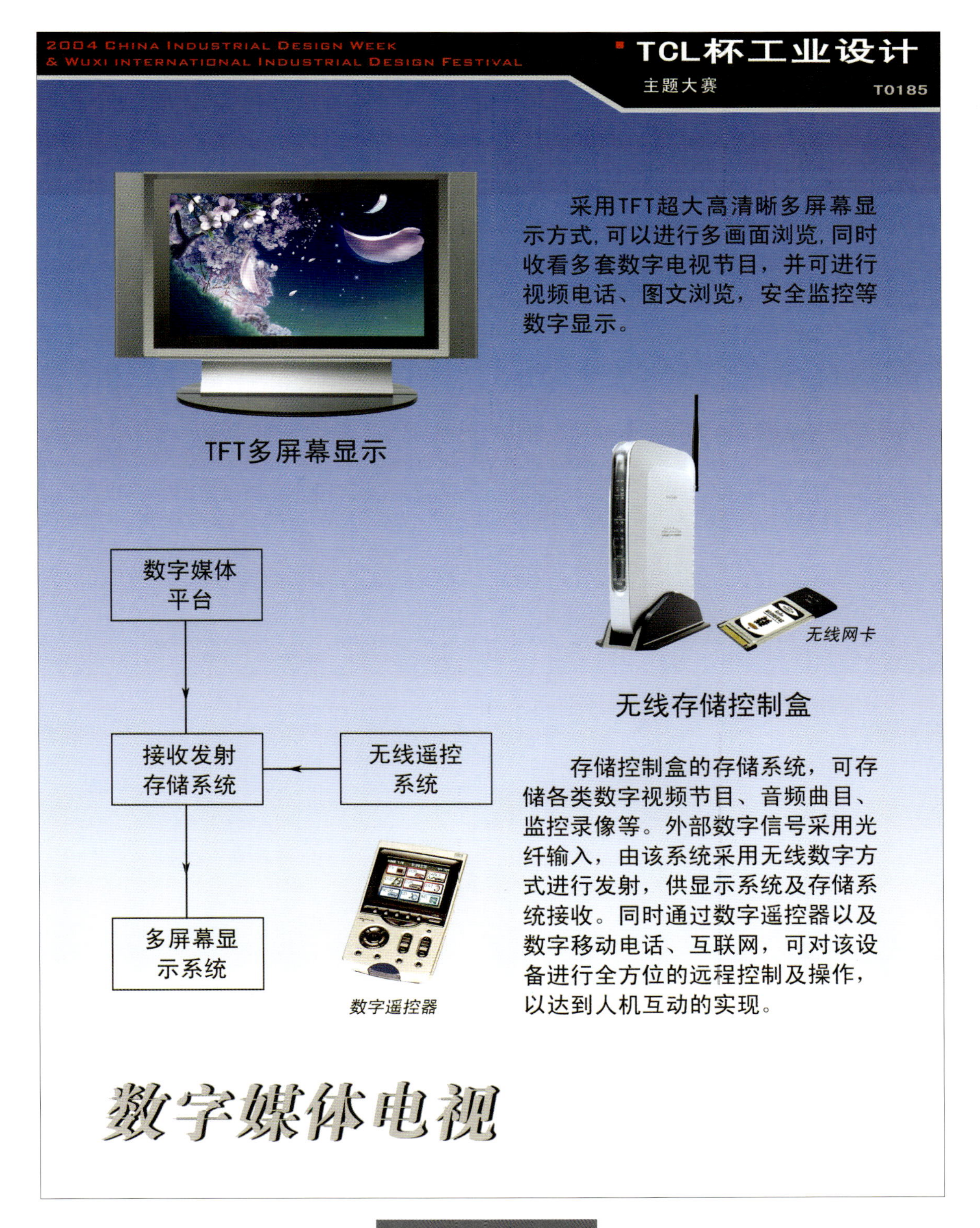
2004 CHINA INDUSTRIAL DESIGN WEEK
& WUXI INTERNATIONAL INDUSTRIAL DESIGN FESTIVAL
TCL杯工业设计
主题大赛
T0185
TFT多屏幕显示
采用TFT超大高清晰多屏幕显示方式，可以进行多画面浏览，同时收看多套数字电视节目，并可进行视频电话、图文浏览，安全监控等数字显示。
无线网卡
无线存储控制盒
数字媒体平台
接收发射存储系统
无线遥控系统
多屏幕显示系统
数字遥控器
存储控制盒的存储系统，可存储各类数字视频节目、音频曲目、监控录像等。外部数字信号采用光纤输入，由该系统采用无线数字方式进行发射，供显示系统及存储系统接收。同时通过数字遥控器以及数字移动电话、互联网，可对该设备进行全方位的远程控制及操作，以达到人机互动的实现。
数字媒体电视

2004 CHINA INDUSTRIAL DESIGN WEEK
& WUXI INTERNATIONAL INDUSTRIAL DESIGN FESTIVAL
TCL多媒体电子杯
工业设计主题大赛 T0191
电子茶几
触摸式屏幕设计
造型创意源于古代家具设计
音响设计
开机按纽设计
设计理念
高科技在带给人类物质享受的同时，也使人与人之间的关系愈加淡薄，交流日益减少。此设计倡导一种全新的未来生活方式，注重人与人之间的交流，人与家具之间的互动。其造型简洁时尚，打破传统家具单一功能的局限性，是对传统家具概念的重新演绎。创意源于中国传统四合院的建筑理念，利用中 国古典棋具的造型元素加以整合。茶几中部设置触摸屏，可支持棋牌游戏等各种 娱乐活动，使人们在茶余饭后享受高科技的同时为家庭成员间的交流创造一种 媒介。侧面音响的设计使其做到"落棋有声"进一步增强了人与茶几的互动，使客厅生活变的 丰富多彩。
High technology at bring while human material is enjoying, also make person with The relation of person's adds more weak thin, the exchanges reduces increasingly.This establishAccount to initiate a kind of all new future life style, make a point of the person and personIt an interaction for of exchanges, person and furniture.Its shape ChienThe vogue of 洁, break the localization of the traditional furniture one function, isDeduce afresh to the traditional furniture concept.he creativity comes from China the tradition four match the building principle of the 院, make use of the insideThe classic shape chemical element in country that chess have takes into the integration.The tea side-table central part establishes the touch holds, can support chess card game etc. every kind of Amusement activity, make people enjoy the high technology to bring in leisure timeOf glad, at the same time exchanges creation a kind of 媒 of for the home court member'sLie.The acoustic design in on the side makes its attain" fall chess contain voice" ente The one step strengthened the person and the interaction of the tea side-table, make living room life changed ofPlentifulness are colorful.

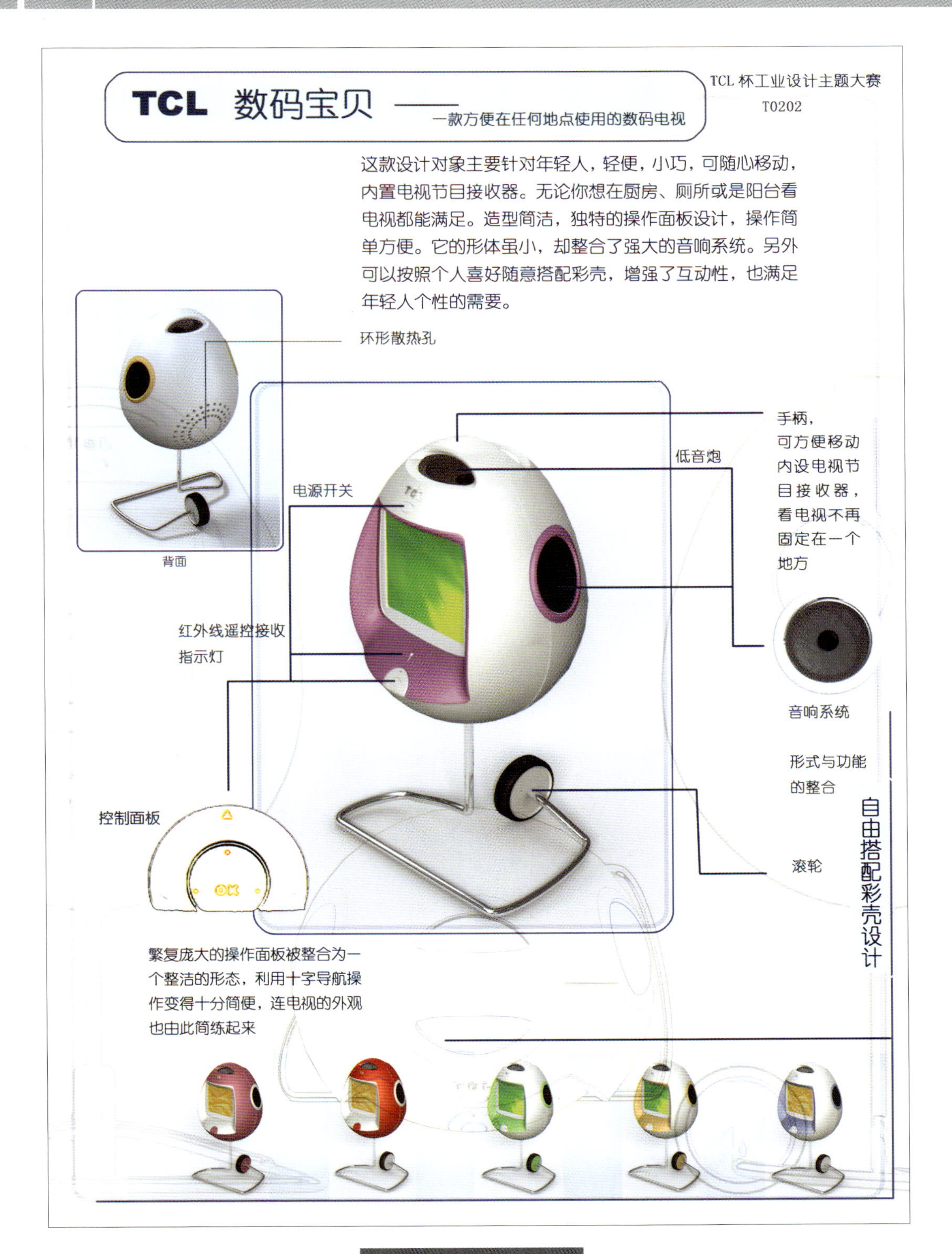
TCL 数码宝贝 ——一款方便在任何地点使用的数码电视
TCL 杯工业设计主题大赛
T0202
这款设计对象主要针对年轻人，轻便，小巧，可随心移动，内置电视节目接收器。无论你想在厨房、厕所或是阳台看电视都能满足。造型简洁，独特的操作面板设计，操作简单方便。它的形体虽小，却整合了强大的音响系统。另外可以按照个人喜好随意搭配彩壳，增强了互动性，也满足年轻人个性的需要。
环形散热孔
背面
手柄，可方便移动内设电视节目接收器，看电视不再固定在一个地方
低音炮
电源开关
红外线遥控接收指示灯
音响系统
形式与功能的整合
控制面板
滚轮
自由搭配彩壳设计
繁复庞大的操作面板被整合为一个整洁的形态，利用十字导航操作变得十分简便，连电视的外观也由此简练起来

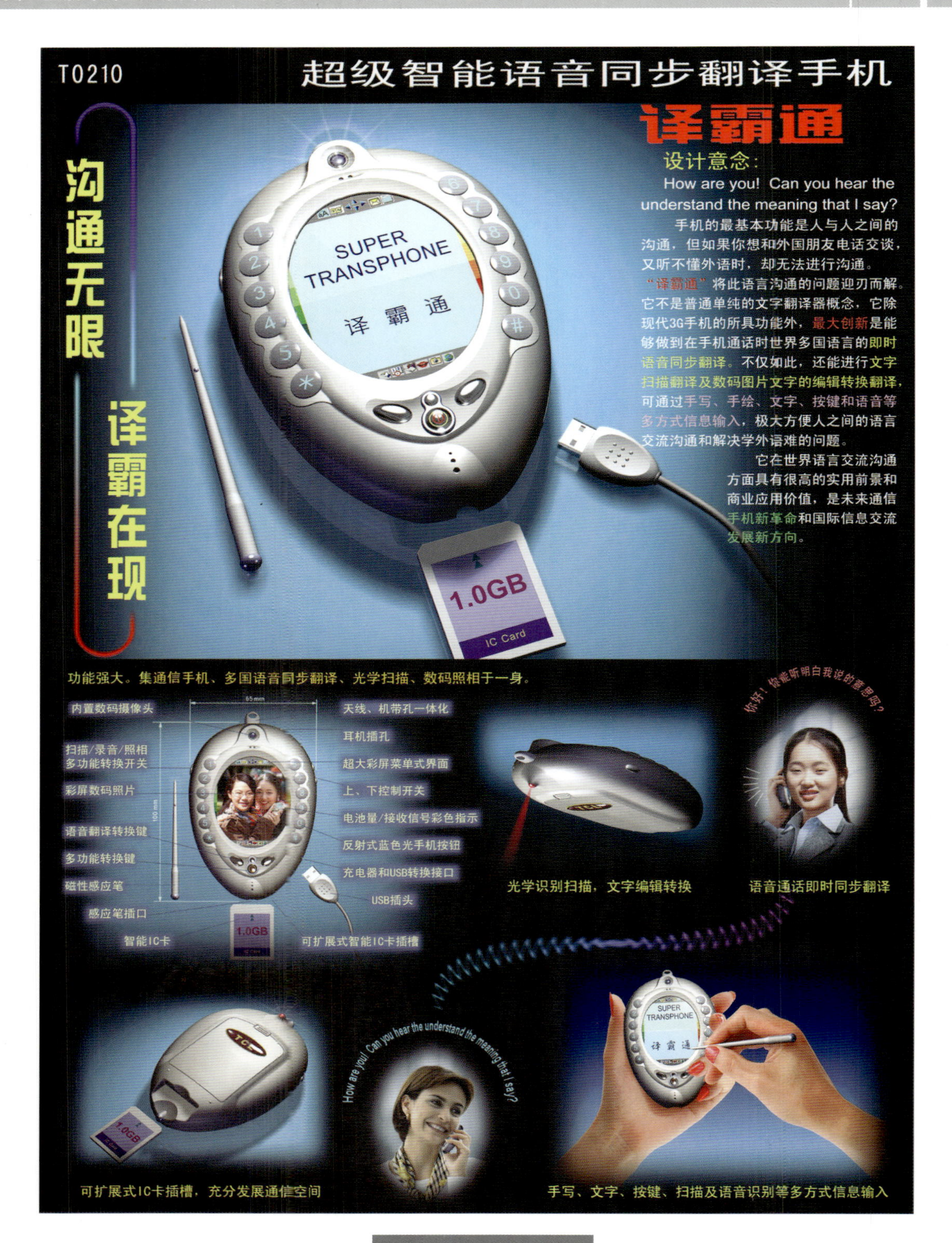
T0210
超级智能语音同步翻译手机
译霸通
沟通无限
译霸在现
设计意念：
How are you! Can you hear the understand the meaning that I say?
手机的最基本功能是人与人之间的沟通，但如果你想和外国朋友电话交谈，又听不懂外语时，却无法进行沟通。
“译霸通”将此语言沟通的问题迎刃而解。它不是普通单纯的文字翻译器概念，它除现代3G手机的所具功能外，最大创新是能够做到在手机通话时世界多国语言的即时语音同步翻译。不仅如此，还能进行文字扫描翻译及数码图片文字的编辑转换翻译，可通过手写、手绘、文字、按键和语音等多方式信息输入，极大方便人之间的语言交流沟通和解决学外语难的问题。
它在世界语言交流沟通方面具有很高的实用前景和商业应用价值，是未来通信手机新革命和国际信息交流发展新方向。
SUPER TRANSPHONE
译 霸 通
1.0GB
IC Card
功能强大。集通信手机、多国语音同步翻译、光学扫描、数码照相于一身。
内置数码摄像头
扫描/录音/照相多功能转换开关
彩屏数码照片
语音翻译转换键
多功能转换键
磁性感应笔
感应笔插口
智能IC卡
天线、机带孔一体化
耳机插孔
超大彩屏菜单式界面
上、下控制开关
电池量/接收信号彩色指示
反射式蓝色光手机按钮
充电器和USB转换接口
USB插头
可扩展式智能IC卡插槽
光学识别扫描，文字编辑转换
你好！你能听明白我说的意思吗？
语音通话即时同步翻译
How are you! Can you hear the understand the meaning that I say?
可扩展式IC卡插槽，充分发展通信空间
手写、文字、按键、扫描及语音识别等多方式信息输入

2004 CHINA INDUSTRIAL DESIGN WEEK & WUXI INTERNATIONAL INDUSTRIAL DESIGN FESTIVAL

TCL杯工业设计主题大赛

T0211

3c数字电视系统

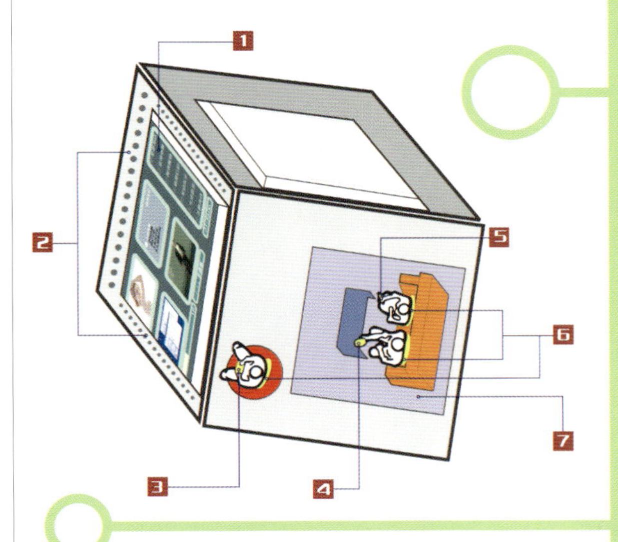

现代客厅，除去会见宾客以外，渐渐成为一个名副其实的家庭娱乐空间。

本次设计的TCL-3C数字电视系统是以TCL数字高清等离子电视技术为基础拓展的超大超薄互动电视系统。

整套系统有7个组成部分：

1－嵌入式数字电视墙（发挥空间极限，如果室内空间有限，可以使用多画面共享界面的小型屏幕观看节目，白天可以使用低耗能屏幕保护当作会动的墙面装饰）

2－墙体内安装的隐藏式音响系统（包括左右音柱和上部中置音箱）

3－家用电脑控制器（小型键盘，附带远程医疗信息采集器）

4－电视系统主遥控器

5－信息浏览控制器

6－振动发声靠垫（考虑到在多画面共享模式下是多人收看不同频道，故使用只通过振动接触传递声音的媒体，此靠垫通过振动直接传导声音到人的耳膜，只有接触到靠垫的人才能听到声音。可调节振动强弱，频道波段。）

7－地毯式超薄低音炮（把低音炮和紧贴地板的地毯合而为一，使全家收看同一频道时能得到最佳低音效果）

用户界面

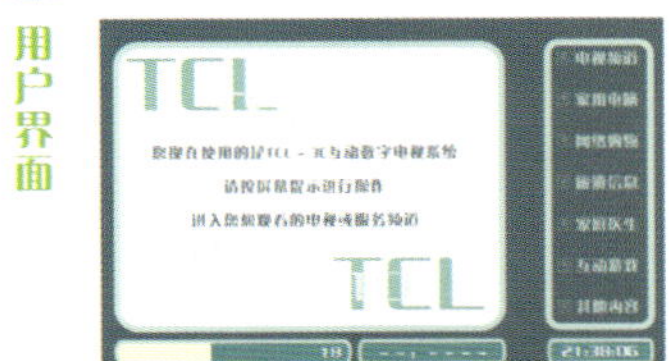

▲ 初始化欢迎界面

▲ 最大化频道选择界面

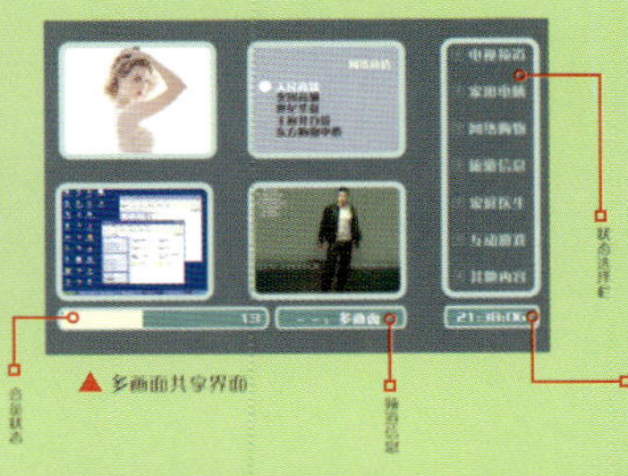

▲ 多画面共享界面

用户界面选用对眼睛刺激性小的绿色系。

初始化欢迎界面，突出TCL品牌并拥有像自动柜员机一样友好、带有操作提示的人性化设计。

最大化频道选择界面，适合所有人共同欣赏同一频道，下方有音量、频道状态栏和电子时钟。右边的状态选择栏设计成和电脑资源管理器类似的下拉菜单，便于查找。

多画面共享界面，可供四人收看不同频道。只要使用不同遥控器，就可以使电视、电脑、购物同时进行。

三合一遥控器

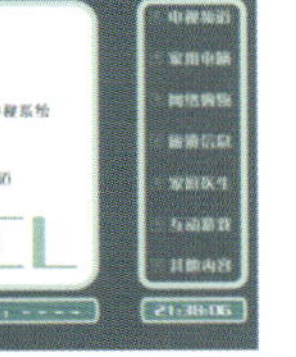

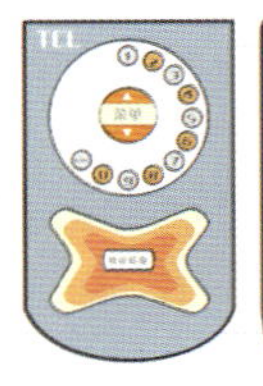

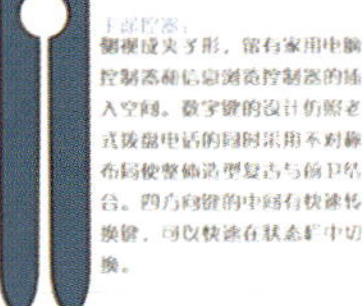

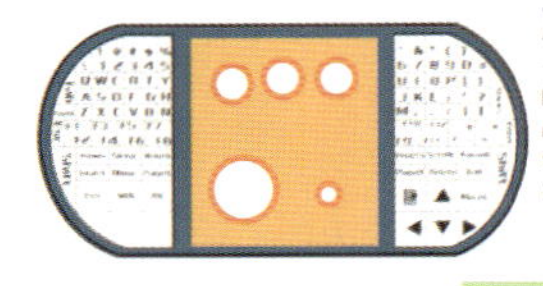

TCL杯工业设计主题大赛

设计说明

改变了以往的设计思维，将指示指针固定，而表盘作为旋转活动装置，使其趣味性及可视性大大增强。简洁的外形设计加以固定色系搭配，赋予时尚感。

English elducidation

Changed the former design thinking, fix the point designation needle , dial the conduct and actions revolves the movable device.Make it become more interesting, make the person under-stand more easily how to use it. Features and color give you fashion feeling.

概念钟表
Concept clock

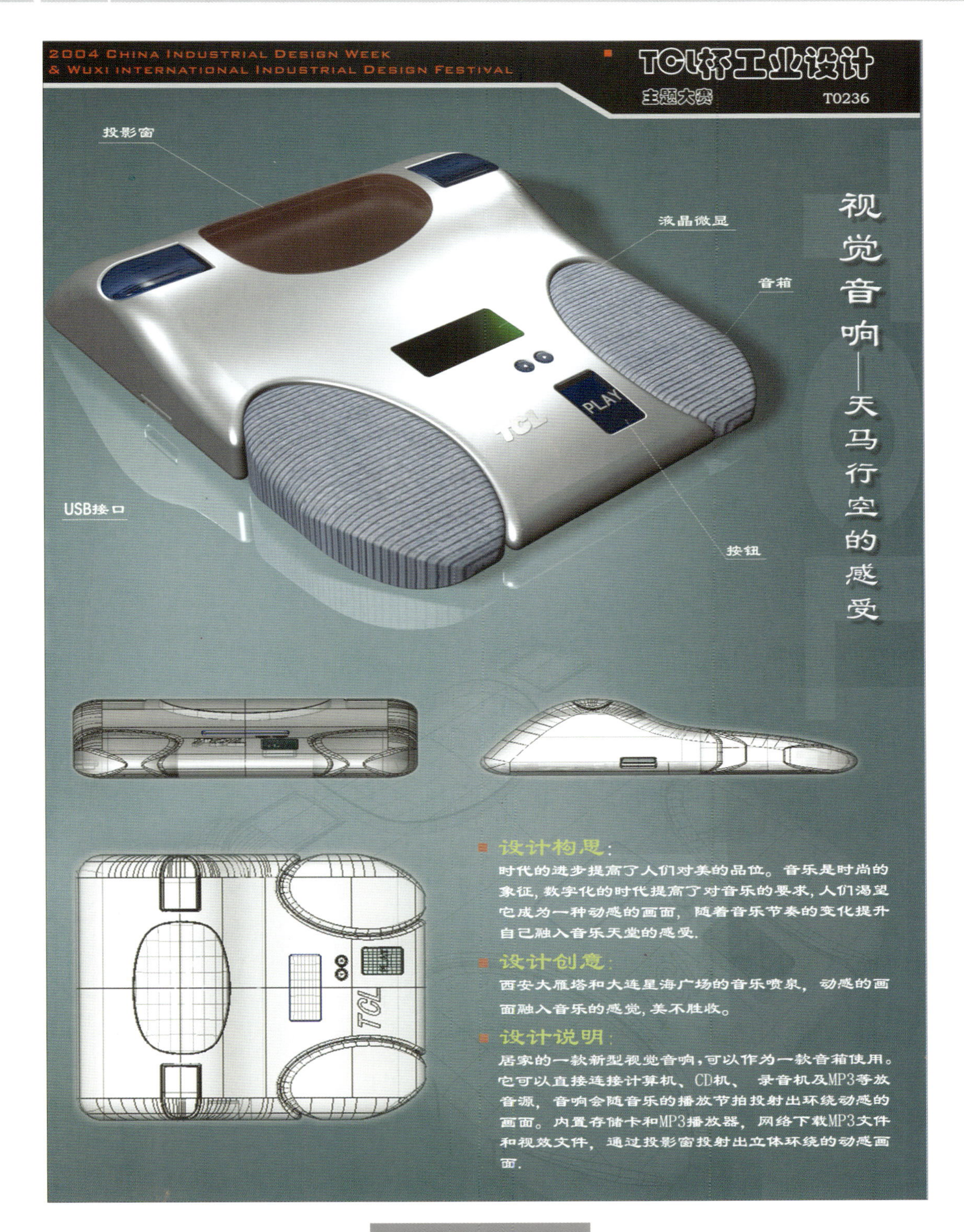
2004 CHINA INDUSTRIAL DESIGN WEEK
& WUXI INTERNATIONAL INDUSTRIAL DESIGN FESTIVAL
TCL杯工业设计
主题大赛
T0236
投影窗
液晶微显
音箱
USB接口
按钮
PLAY
TCL
视觉音响——天马行空的感受
设计构思:
时代的进步提高了人们对美的品位。音乐是时尚的象征，数字化的时代提高了对音乐的要求，人们渴望它成为一种动感的画面，随着音乐节奏的变化提升自己融入音乐天堂的感受.
设计创意:
西安大雁塔和大连星海广场的音乐喷泉，动感的画面融入音乐的感觉，美不胜收。
设计说明:
居家的一款新型视觉音响，可以作为一款音箱使用。它可以直接连接计算机、CD机、录音机及MP3等放音源，音响会随音乐的播放节拍投射出环绕动感的画面。内置存储卡和MP3播放器，网络下载MP3文件和视效文件，通过投影窗投射出立体环绕的动感画面.

2004 CHINA INDUSTRIAL DESIGN WEEK
& WUXI INTERNATIONAL INDUSTRIAL DESIGN FESTIVAL

Tcl “数字互动新生活”
主题设计大赛 T0248

My Elife

宁静以思远 淡泊以明志

构思来源于在繁杂的生活空间中的思考和放松

本产品是结合中国中医药草的现代电子化产品。

结合现代的服饰文化，以现代主义的直线型造型表达现代造型与传统习俗的结合。

产品本身具备的功能是现时代的快节奏生活的柔软调和剂。

佩带于腰上，时刻体验中医药的疗效

链子的卡口结合示意图

佩带于饰品上，随时给自己一份安宁

产品是以电子的微波共振诱发产品内部盛装的中草药或香料的气体散发。产品顶部有充电的电源接口，插入接线口即可安全充电。在使用时，产品的外表面有荧光的产生，尤其在夜晚，能起到很好的视觉装饰的效果。

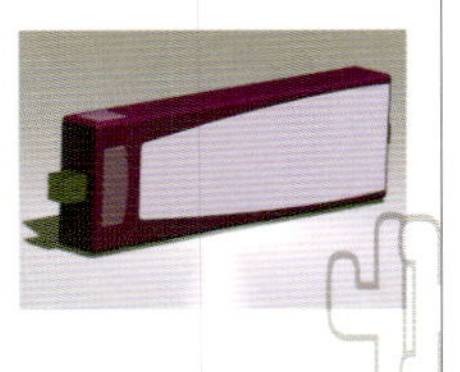

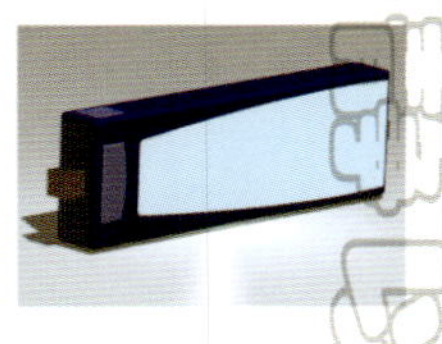

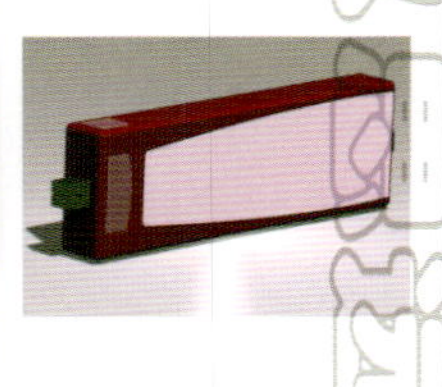

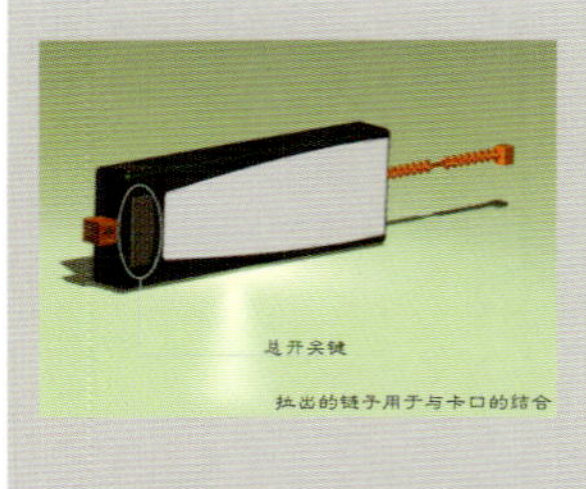

总开关键

拉出的链子用于与卡口的结合

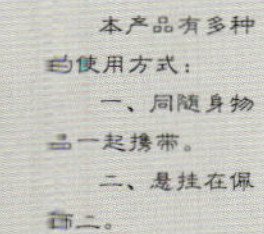

存放药片或香片处

打开的盒内盛放中医药的药片

产品内部可以存放各种中草药或香料，散发出的各种气味有提神、排忧、清心的功用。

本产品有多种的使用方式：

一、同随身物品一起携带。

二、悬挂在佩饰上。

三、放于家庭的任何角落。

放置于任何平面，给人心灵的冥思

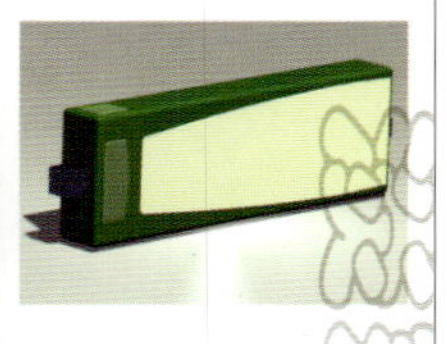

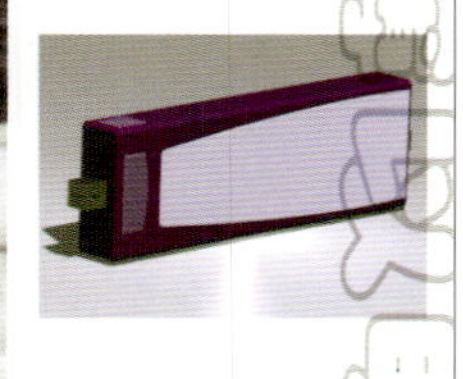

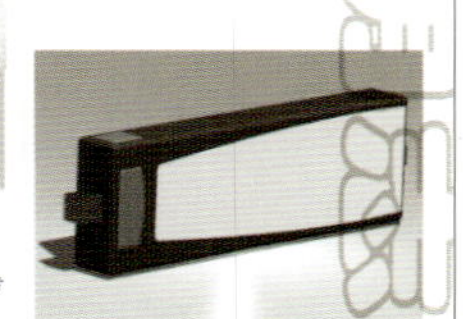

色彩方案

2004 CHINA INDUSTRIAL DESIGN WEEK
& WUXI INTERNATIONAL INDUSTRIAL DESIGN FESTIVAL
TCL多媒体电子杯
工业设计主题大赛　T0253
“恬逸”数字电视
互动主题：
家庭生活，不是为了激情而创造激情；而是为了享受而接受享受。在数字家庭中，你和高清晰的平板电视机彼此互相扮演着一个类似的角色——接受彼此的信号
设计灵感：
“追求作为室内装饰的电视”是平板电视外观设计的宗旨。灵感来源于传统的竹简意象，竹简也是当前家居的的一种墙壁装饰，常言开卷有文，而今它展开的则是一个活画面
功能搭配：
带有SD卡和PC卡插槽；拥有PC机插口，可作为显示器使用；里面可以安装两个模拟信号谐调器，这样可以在看一个电视节目的同时录制另外的节目了
简雅意境：
它的脸是以让你的眼睛完全地在陶醉中融化，那种恬静、那种雅致、那种安逸，给人以悦目、润肺、静心的感觉，同时伴随家庭影院的绚丽夺目让室内不会空洞
TCL
1138
103
684
774
536
264

T0262

TCL M&M 投影仪

设计说明：

1 圆形，简洁但不乏细节的外形透出当今人类数码时代的共性。
2 硬塑料外壳对半装配方便，配上明快颜色的透明硬质树脂材料加以装饰使您眼前一亮。
3 简洁的人机界面包括整合的操控按钮和利索的液晶显示屏，让您的操控更加从容随意；再也不必为繁杂的按键苦恼。
4 底座的控制让您随意改变高度和角度。
5 伸缩性能让焦距变大，无论您的客厅大小与否，都能让您惬意地欣赏数字投影仪带给您视觉上的美妙感受。
6 简化的接口方便视频及图片的输入和输出。

2004 CHINA INDUSTRIAL DESIGN WEEK
& WUXI INTERNATIONAL INDUSTRIAL DESIGN FESTIVAL

TCL"数字互动新生活"
主题设计大赛 T0276

数字时代的到来，使人与人间的交流变得无限的广阔
选择TCL媒体电话，体验数字互动新生活
它使您的电话交谈 轻松自如 充满着脉脉的温情
它让您享受数字生活的时尚和惬意
简约尊贵的外观感觉让您体会科技的魅力
悉心完备的操作方式令您随时产生互动交流的愿望
多屏显示以及前卫的投影放映充分满足您的视觉观感

时尚数字新生活

可视电话
数字移动存储
摄像头
投影放射仪
无线听筒
遥控器

部分细节

PDA 支架
视频存录中……
音箱
USB 红外 蓝牙接口设计 可外接电脑 电视 DVD 等媒体设备，并通过投影仪放射。

部件说明

投影仪
启动投影仪，体验超高的视觉享受。

即插即用的摄像头和PDA
微型可插拔PDA便于随身携带，也可作为数据传输的中间媒介，侧面带有一支手写笔。

听筒
红外传输结合遥控器功能更方便的操作和使用。

TCL media phone 多媒体可视电话

互动人机界面

采用电脑视窗结构的构思，本着简洁的原则，选取了有代表性的功能菜单：电话界面：视频中的功能界面：一个媒体播放器界面，通过可触屏区进行选择切换等操作。

功能集中体现在拨号界面、通话界面以及媒体播放器界面中。几个功能界面可自由切换，用户可以实现信息共享、照片传送，并且可以录播视频画面，并通过放映仪实现视觉享受。互动的操作以及丰富的画面效果让用户充分体会媒体电话的魅力。

1.主菜单界面

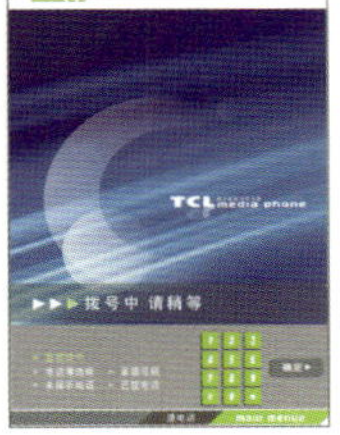

2.电话功能界面

3.通话过程界面

4.媒体播放器

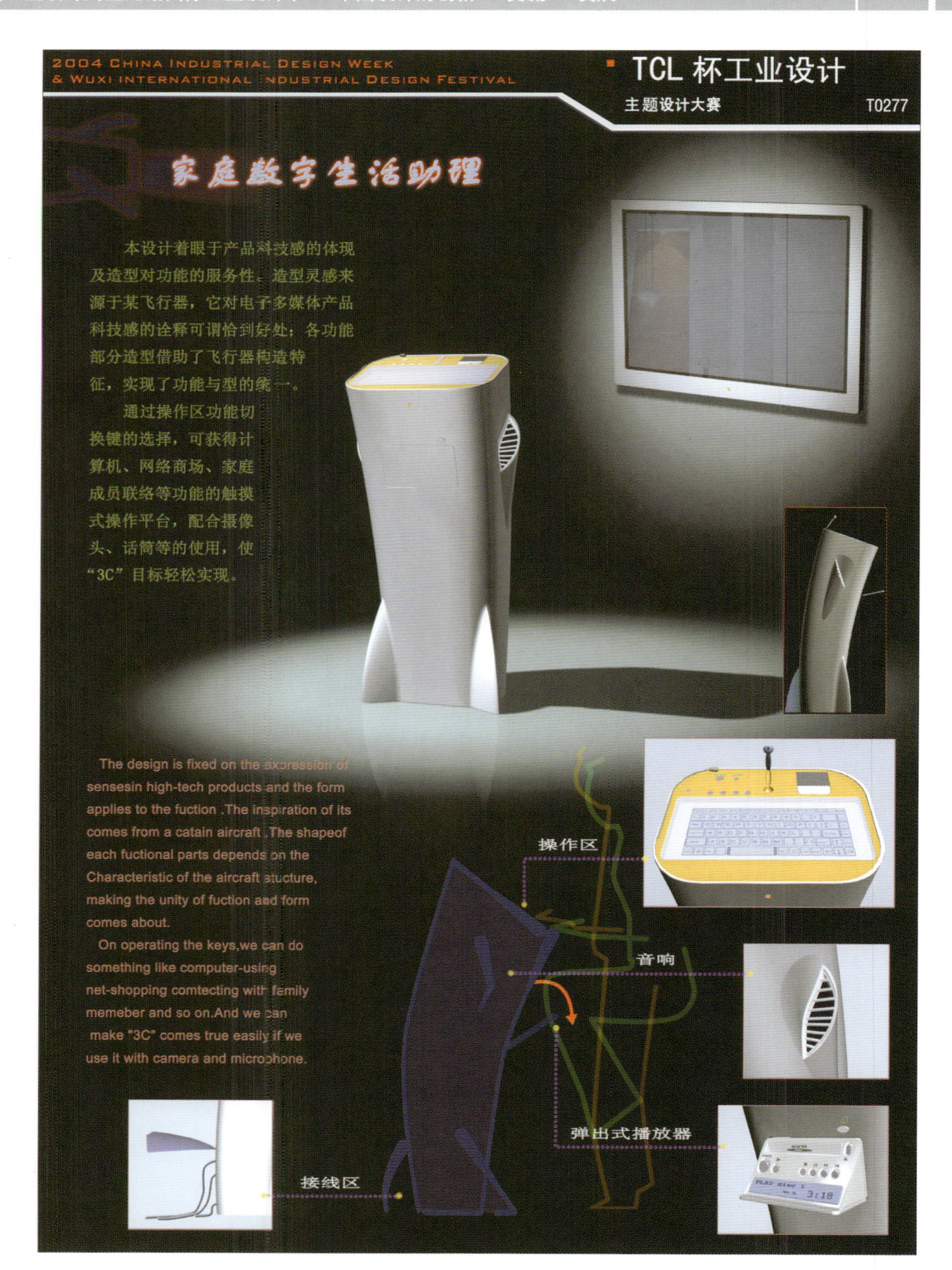
2004 CHINA INDUSTRIAL DESIGN WEEK
& WUXI INTERNATIONAL INDUSTRIAL DESIGN FESTIVAL
TCL 杯工业设计
主题设计大赛
T0277
家庭数字生活助理
本设计着眼于产品科技感的体现及造型对功能的服务性。造型灵感来源于某飞行器，它对电子多媒体产品科技感的诠释可谓恰到好处；各功能部分造型借助了飞行器构造特征，实现了功能与型的统一。
通过操作区功能切换键的选择，可获得计算机、网络商场、家庭成员联络等功能的触摸式操作平台，配合摄像头、话筒等的使用，使“3C”目标轻松实现。
The design is fixed on the expression of sensesin high-tech products and the form applies to the fuction .The inspiration of its comes from a catain aircraft .The shapeof each fuctional parts depends on the Characteristic of the aircraft stucture, making the unity of fuction and form comes about.
On operating the keys,we can do something like computer-using net-shopping comtecting with family memeber and so on.And we can make "3C" comes true easily if we use it with camera and microphone.
操作区
音响
弹出式播放器
接线区

无锡工业设计园
“我心中的工业设计园”

中国工业设计周暨无锡国际工业设计节
工业设计主题大赛获奖名单
“我心中的工业设计园”地标物主题大赛

大奖

作品	作者	单位
Y0219 无极	李 鹏	江南大学设计学院

金奖

作品	作者	单位
Y0201 太湖灵感——金蛋		南京巨匠景观艺术有限公司

银奖

作品	作者	单位
Y0091 远见	沈于睿	江南大学设计学院

铜奖

作品	作者	单位
Y0041 石破天惊	刘仁来	江苏技术师范学院

入围奖

作品	作者	单位
Y0032 源	韩 健 施佥镖	吉林化工学院
Y0037 新生	许 鑫	东南大学
Y0069 联动	姜海波	江南大学设计学院
Y0074 交流之道	任新宇 张耀引	江南大学设计学院
Y0078 重构	王 专	清华大学美术学院绘画系
Y0081 W	刘 建	江南大学设计学院
Y0084 孕育	吕太锋	江南大学设计学院
Y0085 垂	蒋 龙	北京服装学院
Y0086 ID 天音	李 鹏	江南大学设计学院
Y0092 孵	李 珂	江南大学设计学院
Y0094 笋	陈虹宇	江南大学设计学院
Y0100 沟通与交流	练超灿	江南大学设计学院公共艺术
Y0111 开启	刘桂芬	江南大学设计学院
Y0202 报晓	孙虎鸣	吉林艺术学院现代传媒学院
Y0206 树	陈昱佳	
Y0233 在突破中生长	林 冬	清华大学美术学院

无 极

nothing means all

李 鹏
江南大学设计学院

蛋，豆，种子，珍珠；孵化，孕育，无极生太极。无尽的创造力将从这里产生，简单的外表下蕴涵着无限的可能。

Egg, bean, seed, pearl. Incubation, gestatation, nothing means all. Endless power of creation will booms here, under the simple appearance is a boundless possibility.

金奖作品

AL DESIGN WEEK
INDUSTRIAL DESIGN FESTIVAL

我心中的工业设计园
主题设计大赛 Y0201

南京巨匠景观艺术有限公司

太湖灵感——金蛋（材质：不锈钢板贴金箔）

巨大金蛋是由梅花和水波纹图案组成的。太湖水孕育了无锡的梅花和广泛丰富的太湖文化。梅花具有自信、不畏严寒、香飘十里的品格。中国工业设计发展经历了改革的起伏变化，仍然坚强地发展着，而且，它的影响力深远。这一特点与梅花相同。中国的工业以及工业设计像一个金蛋，将会在未来孵化孕育出巨大的成就和财富，这正是此地标物设计的本质所在。

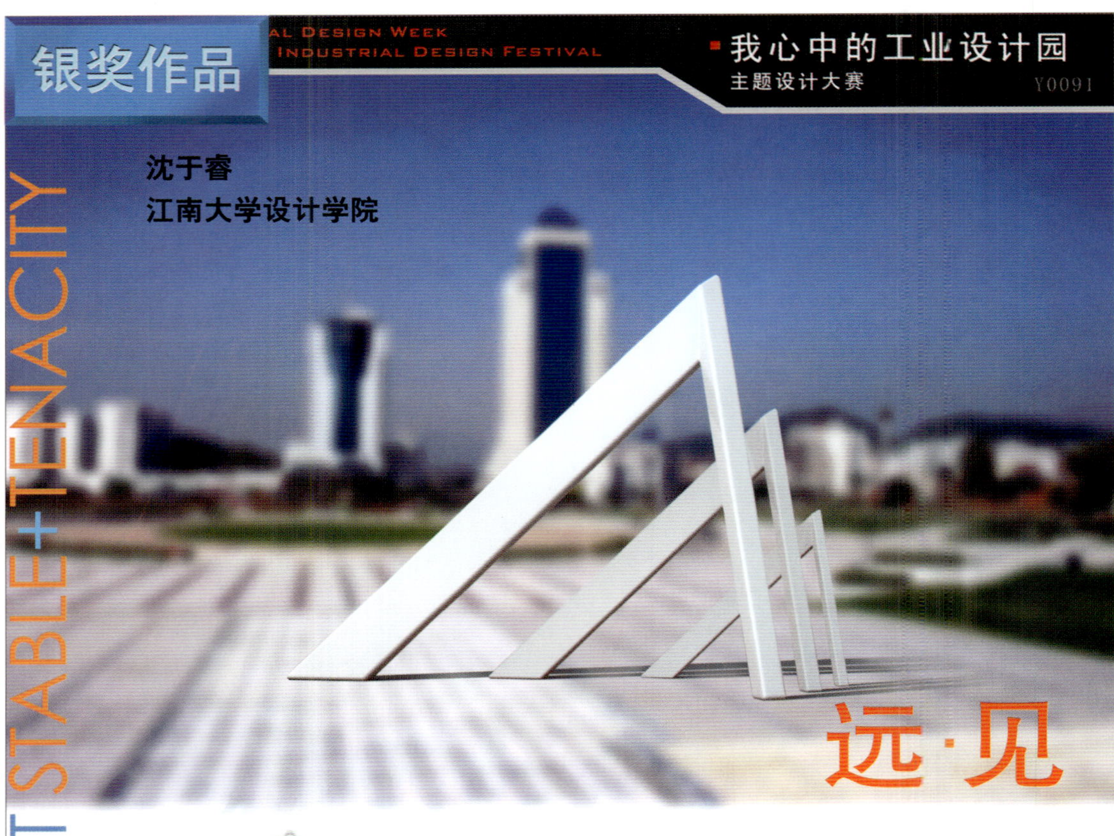

作为无锡工业设计园的地标建筑，不仅要体现无锡的地域特色，更重要的是要体现工业设计这门学科的精神

这件地标建筑的设计形似一座金字塔，它的单体是以几何中最稳定的三角形为基本形态，给人以坚韧、沉稳的视觉感受。三个单体形态相同，但体积依次缩小，形如一道一道的门通向远方；倾斜的形态加上收缩的排列营造出极好的空间延伸感，人置身其中仿佛融入了另一个世界，一个将理性与感性、秩序与变化、挺拔与精致交融在一起的空间，这就是工业设计能带给你的空间

它的结构参照了无锡蠡湖大桥的建筑结构，选用不锈钢为材料可以保证其长年暴露在室外环境下，承受降雨、狂风、干燥等各种异常气候，不会发生变故，同时简单的结构也便于清理和维护

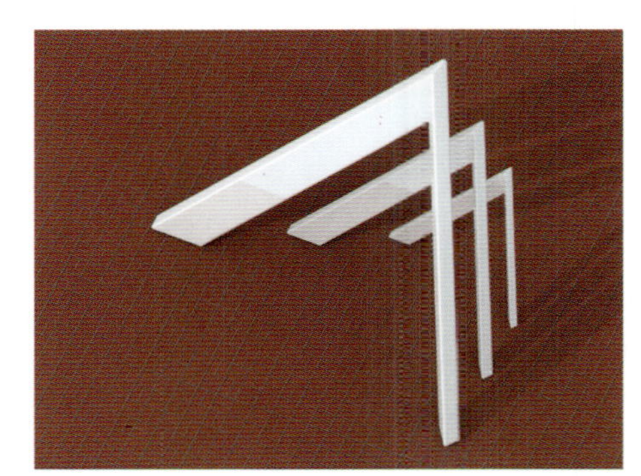

铜奖作品

AL DESIGN WEEK
INDUSTRIAL DESIGN FESTIVAL

■ 我心目中的工业设计园
主题设计大赛　Y0041

刘仁来
江苏技术师范学院

创未

系今

通古

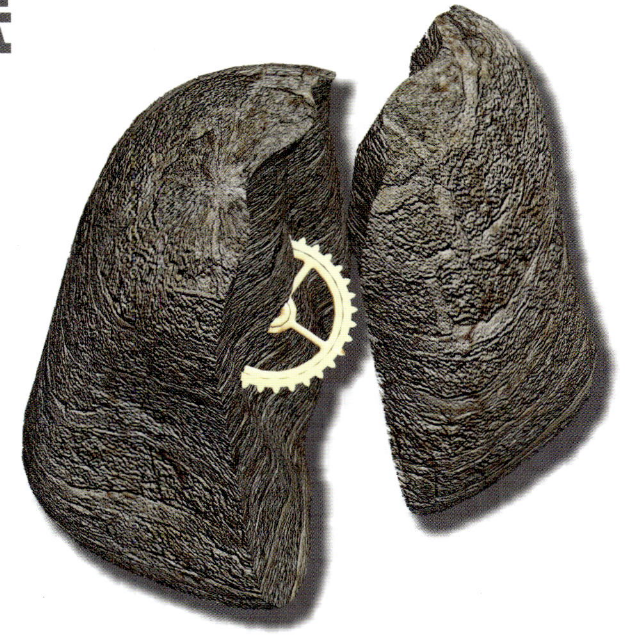

石破天惊

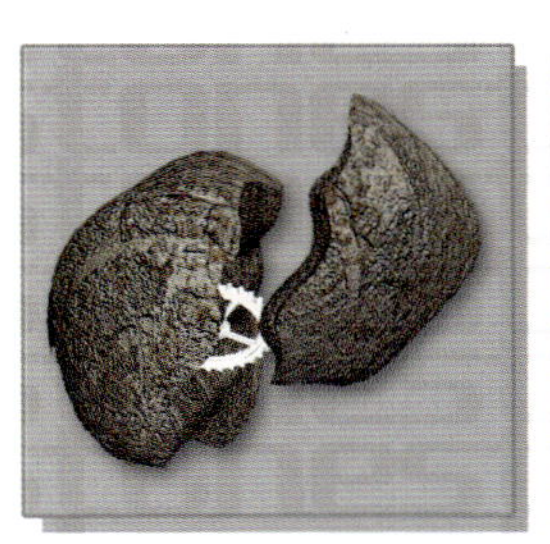
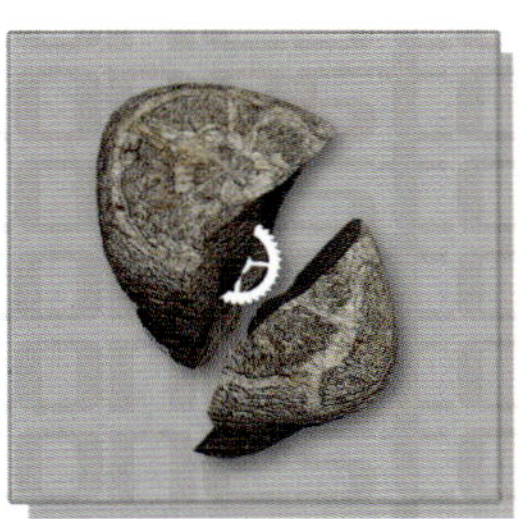

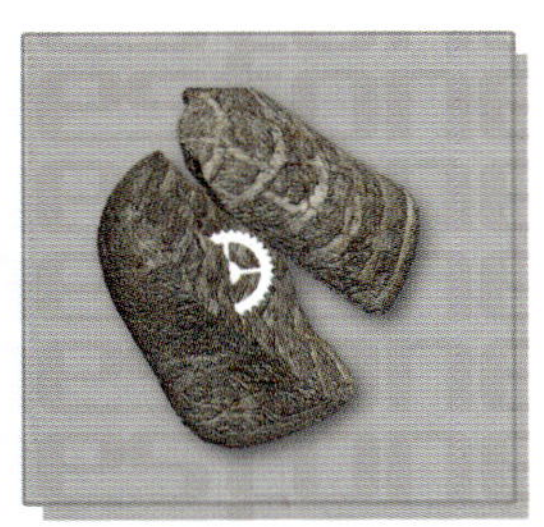

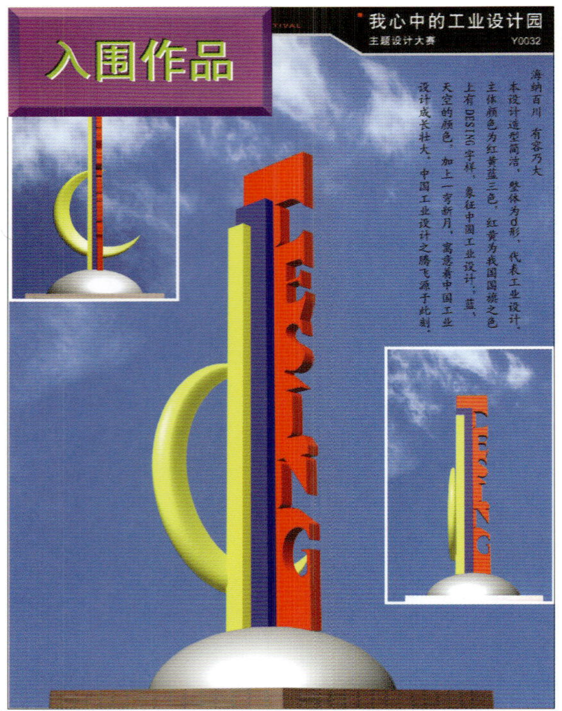
入围作品
我心中的工业设计园
主题设计大赛 Y0032
海纳百川 有容乃大
本设计造型简洁，整体为d形，代表工业设计。
主体颜色为红黄蓝三色。红黄为我国国旗之色
上有DESING字样，象征中国工业设计，蓝、
天空的颜色，加上一弯新月，寓意着中国工业
设计成长壮大，中国工业设计之腾飞源于此刻。
DESING

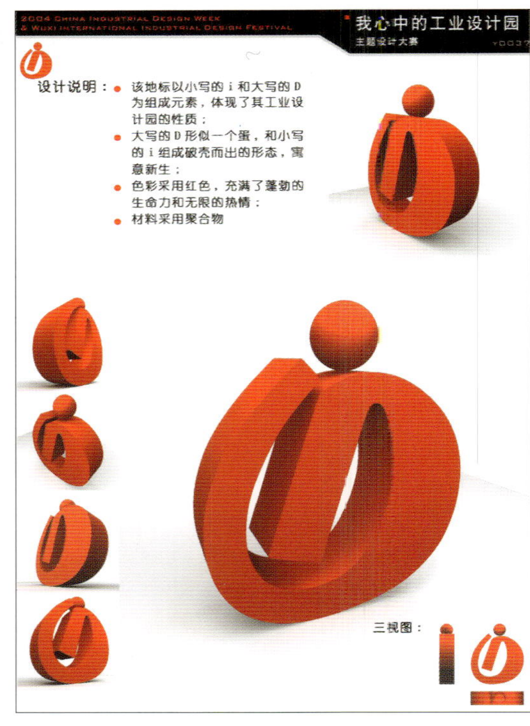
2004 CHINA INDUSTRIAL DESIGN WEEK
& WUXI INTERNATIONAL INDUSTRIAL DESIGN FESTIVAL
我心中的工业设计园
主题设计大赛
设计说明：
该地标以小写的 i 和大写的 D 为组成元素，体现了其工业设计园的性质；
大写的 D 形似一个蛋，和小写的 i 组成破壳而出的形态，寓意新生；
色彩采用红色，充满了蓬勃的生命力和无限的热情；
材料采用聚合物
三视图：

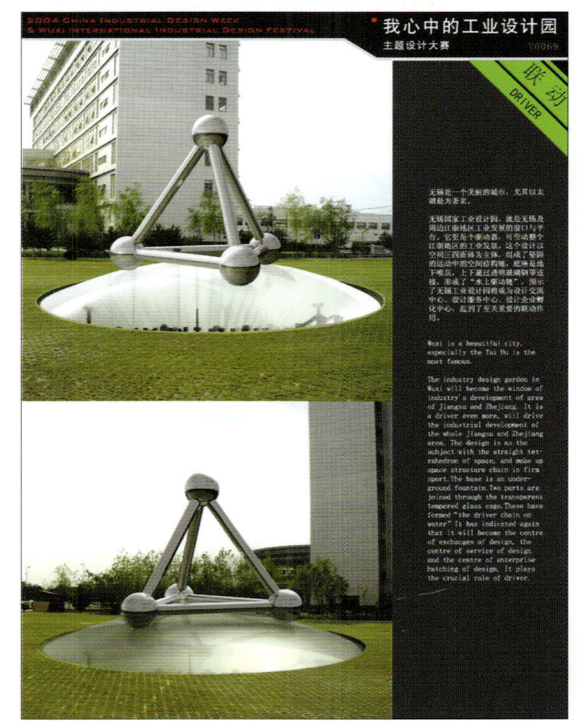
2004 CHINA INDUSTRIAL DESIGN WEEK
& WUXI INTERNATIONAL INDUSTRIAL DESIGN FESTIVAL
我心中的工业设计园
主题设计大赛 Y0069
联动
DRIVER
无锡是一个美丽的城市，尤其以太湖最为著名。
无锡国家工业设计园，就是无锡及周边江浙地区工业发展的窗口与平台，它更是个驱动器，可带动整个江浙地区的工业发展。这个设计以空间正四面体为主体，组成了紧固的运动中的空间链构造，底座是地下喷泉，上下通过透明玻璃钢罩连接，形成了"水上驱动链"，预示了无锡工业设计园将成为设计交流中心、设计服务中心、设计企业孵化中心，起到了至关重要的联动作用。
Wuxi is a beautiful city, especially the Tai Hu is the most famous.
The industry design garden in Wuxi will become the window of industry's development of area of Jiangsu and Zhejiang. It is a driver even more, will drive the industrial development of the whole Jiangsu and Zhejiang area. The design is as the subject with the straight tetrahedron of space, and make up space structure chain in firm sport. The base is an underground fountain. Two parts are joined through the transparent tempered glass cage. These have formed "the driver chain on water" It has indicated again that it will become the centre of exchanges of design, the centre of service of design and the centre of enterprise hatching of design. It plays the crucial role of driver.

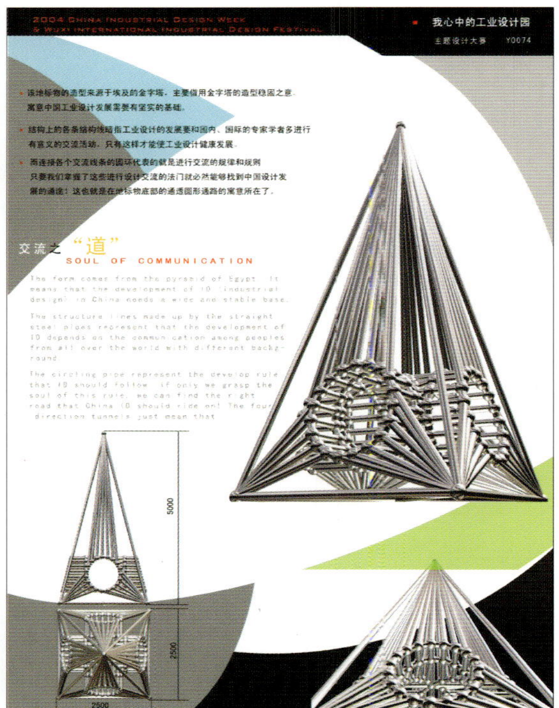
2004 CHINA INDUSTRIAL DESIGN WEEK
& WUXI INTERNATIONAL INDUSTRIAL DESIGN FESTIVAL
我心中的工业设计园
主题设计大赛 Y0074
该地标物的造型来源于埃及的金字塔，主要借用金字塔的造型稳固之意，寓意中国工业设计发展需要有坚实的基础。
结构上的各条结构线暗指工业设计的发展要和国内、国际的专家学者多进行有意义的交流活动，只有这样才能使工业设计健康发展。
而连接各个交流线条的圆环代表的就是进行交流的规律和规则
只要我们掌握了这些进行设计交流的法门就必然能够找到中国设计发展的通途！这也就是在地标物底部的通透圆形通路的寓意所在了。
交流之"道"
SOUL OF COMMUNICATION
5000
2500
2500

我心中的工业设计园主题设计大赛

作品名称：重构

Y0078

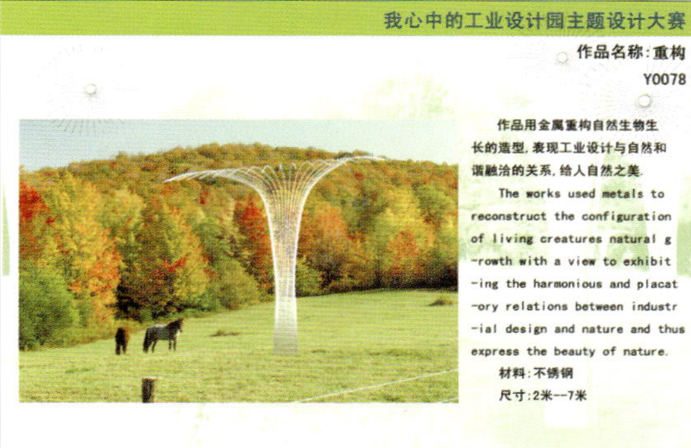

作品用金属重构自然生物生长的造型，表现工业设计与自然和谐融治的关系，给人自然之美。

The works used metals to reconstruct the configuration of living creatures natural g-rowth with a view to exhibit-ing the harmonious and placat-ory relations between industr-ial design and nature and thus express the beauty of nature.

材料：不锈钢

尺寸：2米—7米

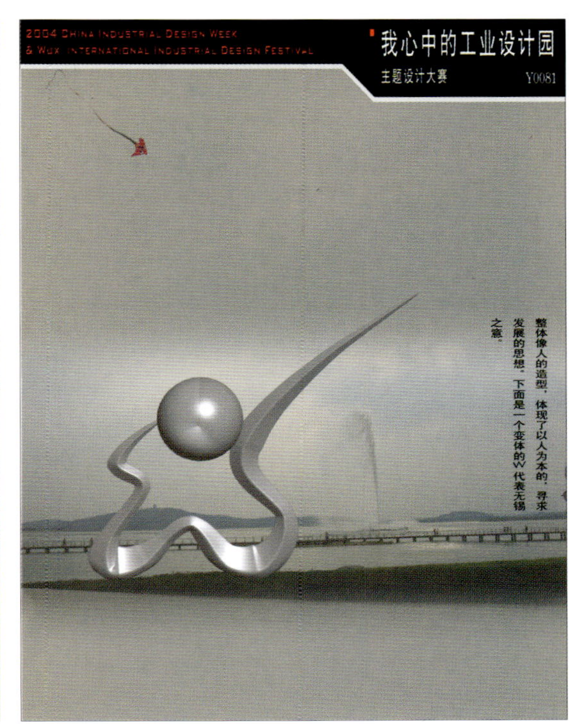

2004 China Industrial Design Week
& Wuxi International Industrial Design Festival

我心中的工业设计园

主题设计大赛　Y0084

孕育 CONCEIVE

Tai Lake created the beauty of wuxi . Wuxi Industrial Design Area lives near to the Li Lake , suckling the soul of the envir-onment . It will be a bright pearl in industrial design.This design used water symbol , sphere, tricolor to express the meaning: Wuxi Industrial Design Area is conceiving the future of china's industrial design.

太湖水孕育了无锡的秀美，坐落在蠡户湖之滨的无锡工业设计园得天地之灵气，是工业设计的一颗明珠，此设计利用水纹，圆球体，三原色作为造型元素，体现了工业设计园正孕育着中国工业设计的未来。

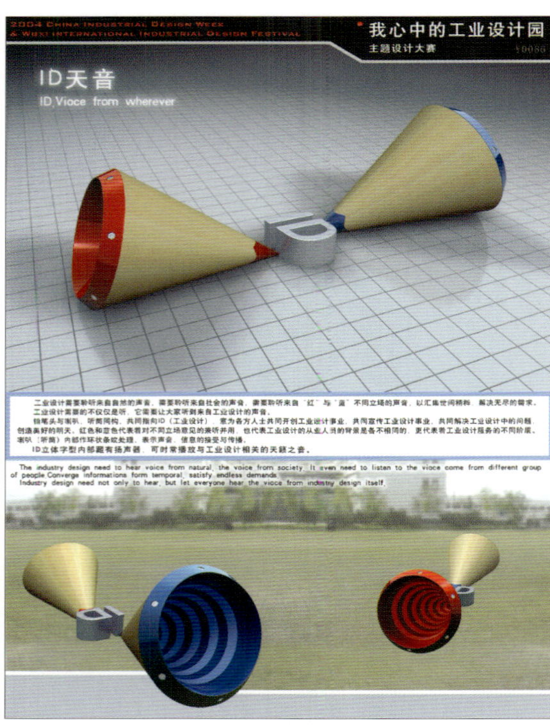
2004 China Industrial Design Week
& Wuxi International Industrial Design Festival
我心中的工业设计园
主题设计大赛
Y0086
ID天音
ID Vioce from wherever
工业设计需要聆听来自自然的声音，需要聆听来自社会的声音，需要聆听来自"红"与"蓝"不同立场的声音，以汇集世间精粹，解决无尽的需求。
工业设计需要的不仅仅是听，它需要让大家听到来自工业设计的声音。
铅笔头与喇叭、听筒同构，共同指向ID（工业设计），意为各方人士共同开创工业设计事业，共同宣传工业设计事业，共同解决工业设计中的问题，创造美好的明天。红色和蓝色代表着对不同立场意见的兼听并用，也代表工业设计的从业人员的背景是各不相同的，更代表着工业设计服务的不同阶层。喇叭（听筒）内部作环状条纹处理，表示声音、信息的接受与传播。
ID立体字型内部藏有扬声器，可时常播放与工业设计相关的天籁之音。
The industry design need to hear voice from natural, the voice from society. It even need to listen to the vioce come from different group of people.Converge informations form temporal, satisfy endless demands.
Industry design need not only to hear, but let everyone hear the vioce from industry design itself.

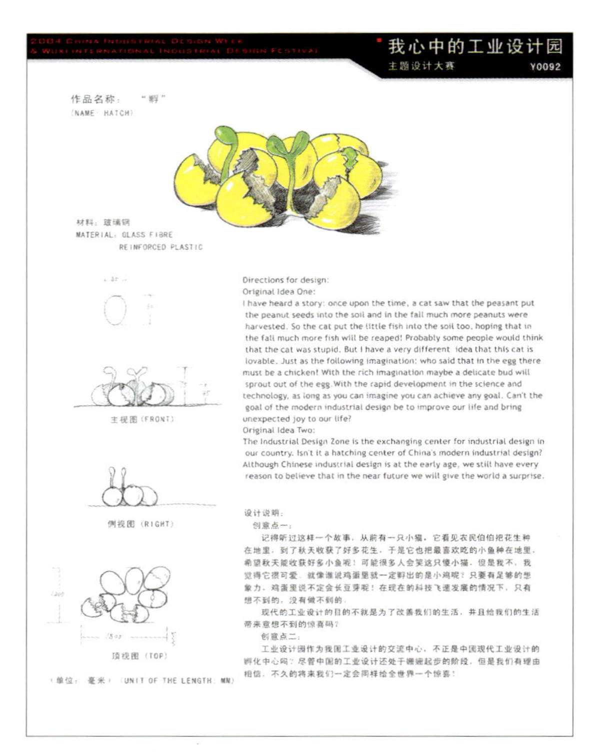
2004 China Industrial Design Week
& Wuxi International Industrial Design Festival
我心中的工业设计园
主题设计大赛
Y0092
作品名称：“孵”
(NAME: HATCH)
材料：玻璃钢
MATERIAL: GLASS FIBRE REINFORCED PLASTIC
主视图 (FRONT)
侧视图 (RIGHT)
顶视图 (TOP)
（单位：毫米）(UNIT OF THE LENGTH: MM)
Directions for design:
Original Idea One:
I have heard a story: once upon the time, a cat saw that the peasant put the peanut seeds into the soil and in the fall much more peanuts were harvested. So the cat put the little fish into the soil too, hoping that in the fall much more fish will be reaped! Probably some people would think that the cat was stupid. But I have a very different idea that this cat is lovable. Just as the following imagination: who said that in the egg there must be a chicken! With the rich imagination maybe a delicate bud will sprout out of the egg. With the rapid development in the science and technology, as long as you can imagine you can achieve any goal. Can't the goal of the modern industrial design be to improve our life and bring unexpected joy to our life?
Original Idea Two:
The Industrial Design Zone is the exchanging center for industrial design in our country. Isn't it a hatching center of China's modern industrial design? Although Chinese industrial design is at the early age, we still have every reason to believe that in the near future we will give the world a surprise.
设计说明：
创意点一：
记得听过这样一个故事，从前有一只小猫，它看见农民伯伯把花生种在地里，到了秋天收获了好多花生，于是它也把最喜欢吃的小鱼种在地里，希望秋天能收获好多小鱼呢！可能很多人会笑这只傻小猫，但是我不，我觉得它很可爱。就像谁说鸡蛋里就一定孵出的是小鸡呢？只要有足够的想象力，鸡蛋里说不定会长豆芽呢！在现在的科技飞速发展的情况下，只有想不到的，没有做不到的。
现代的工业设计的目的不就是为了改善我们的生活，并且给我们的生活带来意想不到的惊喜吗？
创意点二：
工业设计园作为我国工业设计的交流中心，不正是中国现代工业设计的孵化中心吗？尽管中国的工业设计还处于蹒跚起步的阶段，但是我们有理由相信，不久的将来我们一定会同样给全世界一个惊喜！

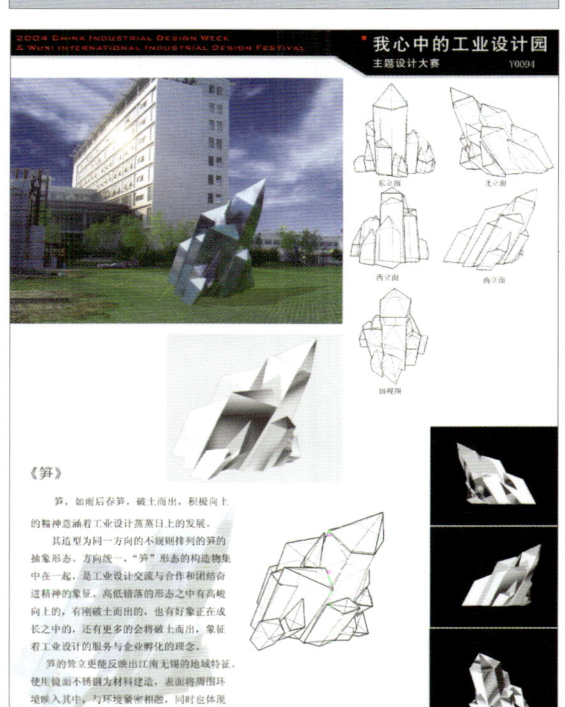
2004 China Industrial Design Week
& Wuxi International Industrial Design Festival
我心中的工业设计园
主题设计大赛
Y0094
《笋》
笋，如雨后春笋，破土而出，积极向上的精神意涵着工业设计蒸蒸日上的发展。
其造型为同一方向的不规则排列的笋的抽象形态。方向统一，“笋”形态的构造物集中在一起，是工业设计交流与合作和团结奋进精神的象征。高低错落的形态之中有高峻向上的，有刚破土而出的，也有好象正在成长之中的，还有更多的会将破土而出，象征着工业设计的服务与企业孵化的理念。
笋的耸立更能反映出江南无锡的地域特征。使用镜面不锈钢为材料建造，表面将周围环境映入其中，与环境紧密相融，同时也体现了工业设计关注环保的理念。

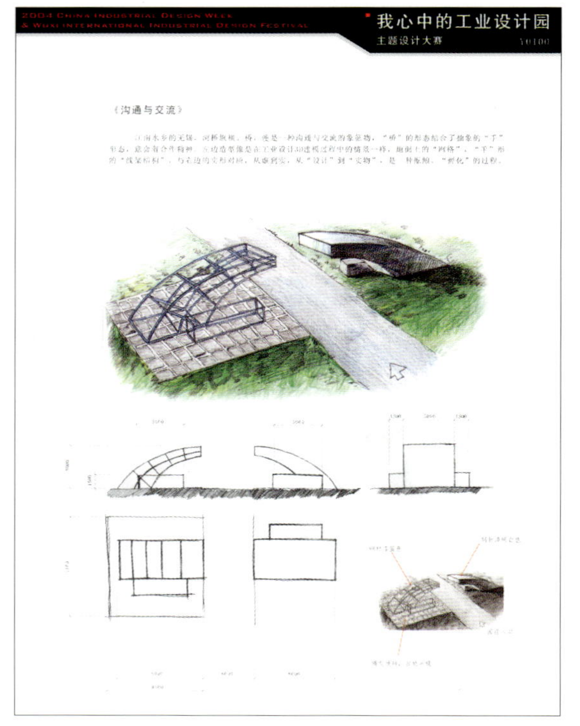
2004 China Industrial Design Week
& Wuxi International Industrial Design Festival
我心中的工业设计园
主题设计大赛
《沟通与交流》

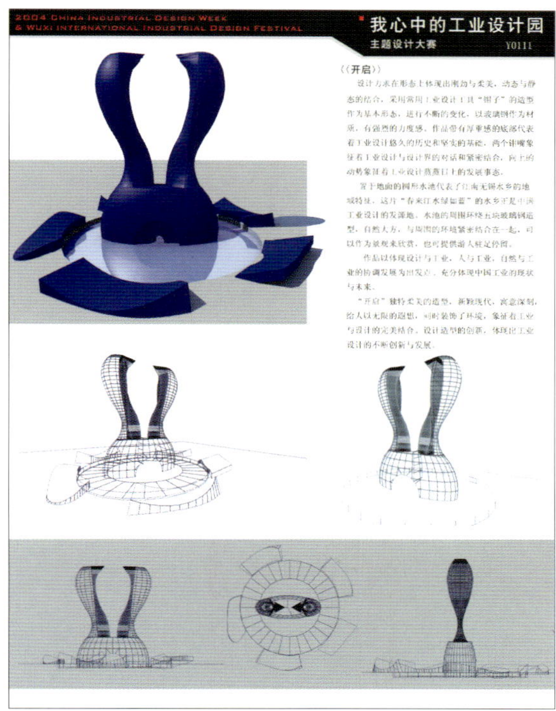

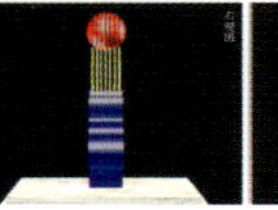

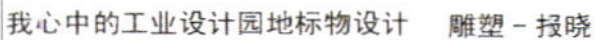

我心中的工业设计园地标物设计　　雕塑－报晓

设计说明：1. 创意来自于无锡市和太湖地域平面图形．无锡市地域图形是一个昂首挺立雄鸡图形．本设计是由无锡市地域图、太湖部分地域图和太阳图形构成．
2. 整个雕塑造型是一个头顶旭日昂首挺立的雄鸡形态．雕塑色彩运用三原色红黄蓝．红色球体象征太阳，黄色鸡身象征土地资源，蓝色太湖象征生命源泉．
3. 本雕塑体现了无锡这个新型的工业城市风貌．昂首挺立的雄鸡迎着红日，向世人鸣唱着无锡工业的美好未来．（雕塑材料采用金属喷漆，加工工艺焊接成型．）

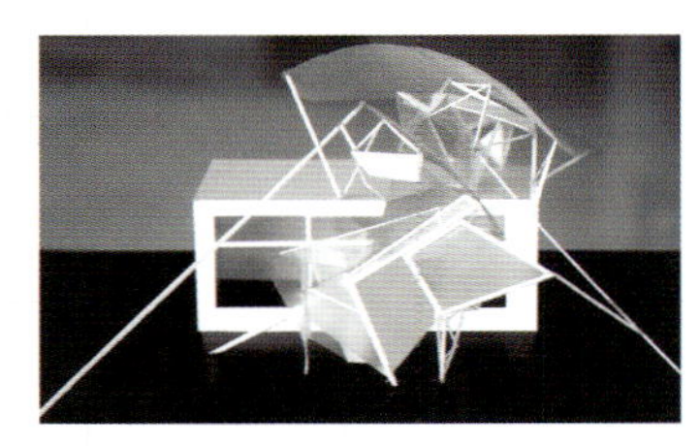

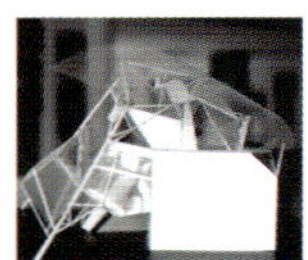